"十三五"国家重点出版物出版规划项目
现代机械工程系列精品教材

工程制图习题集

主 编 鲁宇明 张桂梅
副主编 刘 毅 张平生
参 编 王艳春 王利霞 马银平 缪 君

机械工业出版社

本习题集与《工程制图教程》教材（由鲁宇明，刘毅主编，机械工业出版社出版）相配套，体系保持一致，主要内容有：制图的基本知识，点、线、面的投影，立体的投影，组合体，轴测图，机件的表达方法，零件图和装配图，适合各类高等院校的工科专业不同学时的制图课程使用。

考虑到本习题集的完整性和可参考性，习题的设计保证了恰当的关联性和足够的训练量，在习题的安排上留有适当的余量，教师可根据教学需要，按一定的深度、广度进行取舍。

图书在版编目（CIP）数据

工程制图习题集/鲁宇明，张桂梅主编. —北京：机械工业出版社，2020.9
（2024.12 重印）

"十三五"国家重点出版物出版规划项目　现代机械工程系列精品教材

ISBN 978-7-111-66309-6

Ⅰ.①工… Ⅱ.①鲁… ②张… Ⅲ.①工程制图-高等学校-习题集 Ⅳ.①TB23-44

中国版本图书馆 CIP 数据核字（2020）第 146112 号

机械工业出版社（北京市百万庄大街 22 号　邮政编码 100037）
策划编辑：舒　恬　责任编辑：舒　恬　王勇哲　徐鲁融
责任校对：李　婷　封面设计：张　静
责任印制：任维东
北京联兴盛业印刷股份有限公司印刷
2024 年 12 月第 1 版第 10 次印刷
370mm×260mm・10 印张・243 千字
标准书号：ISBN 978-7-111-66309-6
定价：28.00 元

电话服务　　　　　　　　　网络服务
客服电话：010-88361066　　机　工　官　网：www.cmpbook.com
　　　　　010-88379833　　机　工　官　博：weibo.com/cmp1952
　　　　　010-68326294　　金　书　网：www.golden-book.com
封底无防伪标均为盗版　　　机工教育服务网：www.cmpedu.com

前　言

　　本习题集的编写以教育部高等学校工程图学教学指导委员会制定的《普通高等院校工程图学课程教学基本要求》为依据，内容体系与《工程制图教程》教材（由鲁宇明、刘毅主编，机械工业出版社出版）体系保持一致，并向任课教师提供电子版习题解答。本习题的主要内容有：制图的基本知识，点、线、面的投影，立体的投影，组合体，轴测图，机件的表达方法，零件图和装配图，适合各类高等院校的工科专业不同学时的制图课程使用。

　　在编写过程中，编者总结了多年来课程的教学改革成果，力求从"以学生为中心"的教学理念安排习题集内容。本习题集的主要特点如下：

（1）在习题集中贯彻执行现行的《技术制图》和《机械制图》国家标准。

（2）习题的设计保证了恰当的关联性和足够的训练量，在习题的安排上留有适当的余量，教师可根据教学需要，按一定的深度、广度进行取舍。

（3）习题难易得当，循序渐进，突出画图、读图能力的培养，提高学生的工程意识。

　　本习题集共八章：第1章由刘毅编写，第2章由张平生编写，第3章由刘毅编写，第4、5章由鲁宇明和缪君编写，第6章由张桂梅和王利霞编写，第7章由王艳春、王利霞和鲁宇明编写，第8章由刘毅、王利霞、鲁宇明编写。在校试用期间，马银平对第1~6章进行了审核和修正，鲁宇明负责统稿。

　　西北工业大学高满屯教授担任本习题集的主审，并提出了若干宝贵意见。在此表示衷心感谢。

　　本习题集得到江西省高校教育改革项目、南昌航空大学创新创业课程培育项目及南昌航空大学出版基金的资助。

　　在编写过程中，编者参考了部分国内教材和习题集等文献，在此向文献作者表示感谢。

　　由于编者水平有限，习题集中难免有不足与疏漏，请读者和使用者批评指正。

编　者

目 录

前言

第1章 制图的基本知识 ·· 1

第2章 点、线、面的投影 ·· 7

第3章 立体的投影 ·· 15

第4章 组合体 ·· 22

第5章 轴测图 ·· 34

第6章 机件的表达方法 ·· 37

第7章 零件图 ·· 55

第8章 装配图 ·· 67

参考文献 ··· 76

| 第1章 制图的基本知识 | 姓名 | 班级学号 | 1 |

1-1 字体练习（注意填满格）。

机械制图名称序号件数材料重量比例

技术要求热处理其余校核审定螺栓销

键垫圈齿轮轴承弹簧泵表面硬度结构

1234567890ΦR   abcdefghijklmnopqrstuvwxyz

1-2 在指定位置处，按示例抄画出下列各种图线。

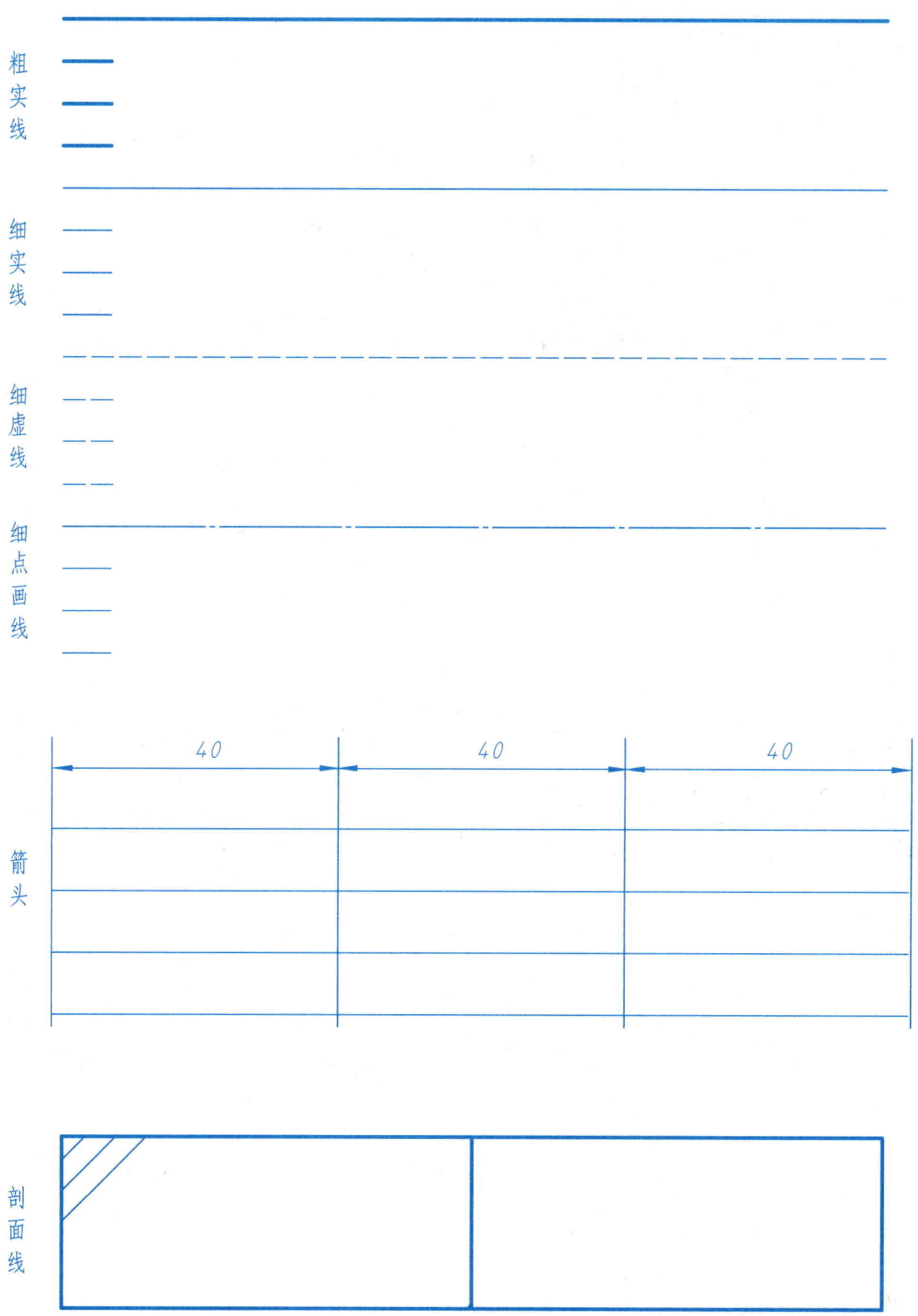

粗实线

细实线

细虚线

细点画线

箭头 （40　40　40）

剖面线

| 第 1 章　制图的基本知识 | 姓名 | 班级学号 | 2 |

1-3　标注下列图形中的尺寸。尺寸数值按 1∶1 的比例从图中量取，并取整数。

(1) 标注线性尺寸。

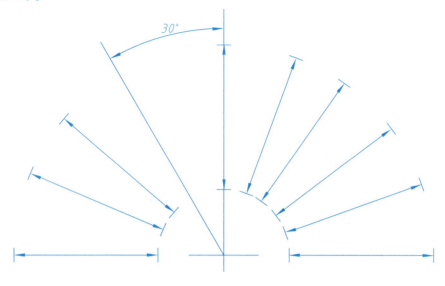

(2) 填写线性尺寸数值。

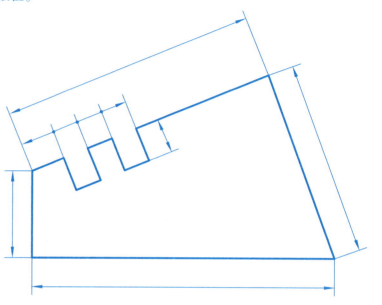

(3) 标注圆的直径或半径。

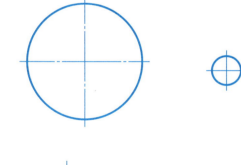

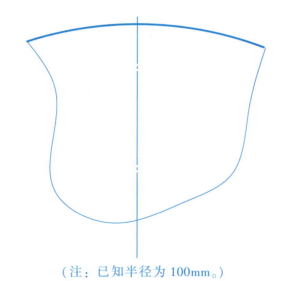

（注：已知半径为 100mm。）

(4) 标注角度。

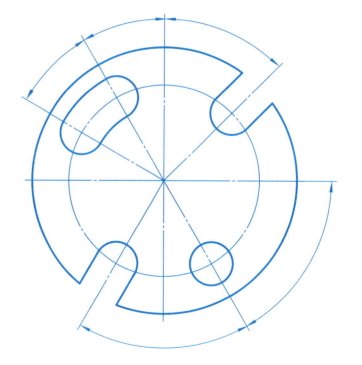

第 1 章 制图的基本知识

1-4 标注下列平面图形中的尺寸。尺寸数值按 1∶1 的比例从图中量取，并取整数。

(1)
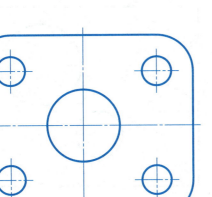

(2)
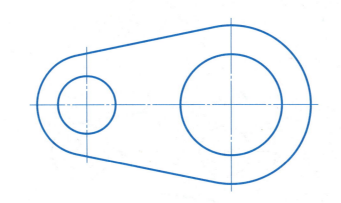

(3)
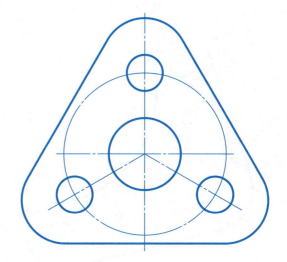

(4)
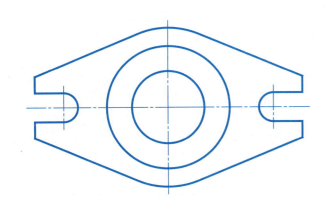

(5)
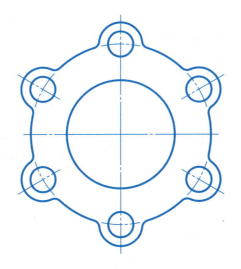

(6)
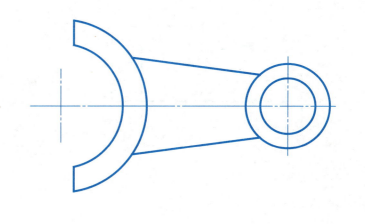

第1章 制图的基本知识

| | 姓名 | | 班级学号 | 4 |

1-4 标注下列平面图形中的尺寸。尺寸数值按1:1的比例从图中量取,并取整数。(续)

(7)
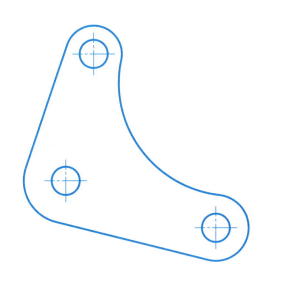

(8)
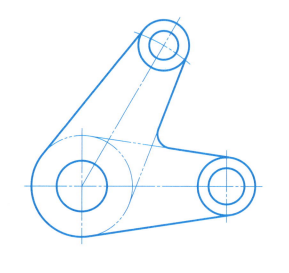

(9)
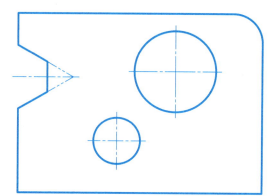

1-5 斜度和锥度练习。根据给定尺寸,按1:1的比例将图形抄画在指定位置处。

(1)
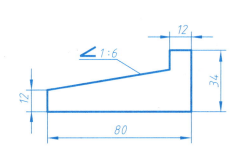

(2)
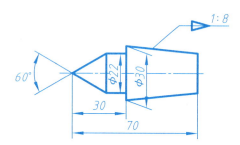

第1章 制图的基本知识

1-6 根据给定的图形及尺寸，按 1∶1 的比例在指定位置处抄画图形。

（1）

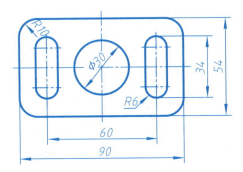

（2）

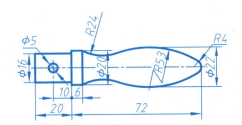

第 1 章　制图的基本知识

1-7　根据给定的图形及尺寸，按 1∶1 的比例画出下列平面图形，图名为"几何作图"。

（1）在 A4 图纸上抄画图形。

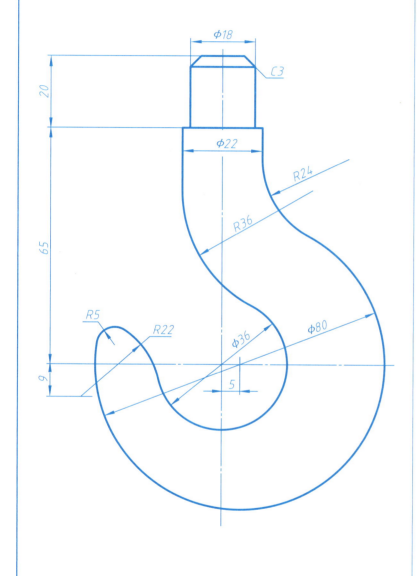

（2）在 A3 图纸上抄画图形。

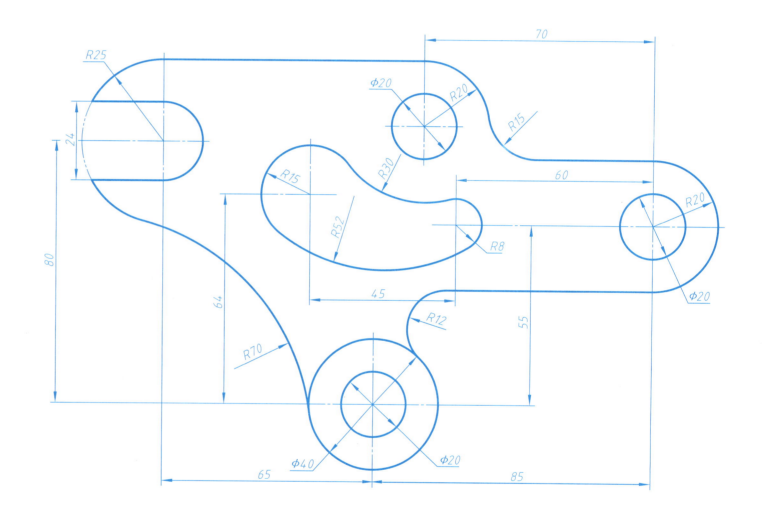

第 2 章 点、线、面的投影

2-1 按立体图作出各点的投影图（尺寸从图中按 1:1 的比例量取）。

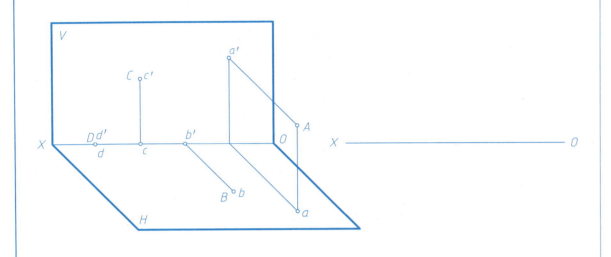

2-2 按立体图中各点的空间位置，作出它们的三面投影（尺寸从图中按 1:1 的比例量取）。

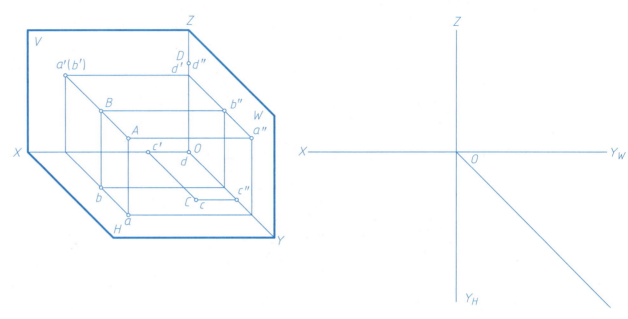

2-3 已知点 A 距 V 面 20mm，距 H 面 30mm；点 B 在 V 面内，距 H 面 20mm；点 C 距 V 面 35mm，距 H 面 25mm；点 D 在 H 面内，距 V 面 30mm。作出它们的投影图。

2-4 已知点 A 的坐标为 (25, 30, 35)，又知点 B 在点 A 之左 10mm、之后 5mm、之下 15mm 处，作出 A、B 两点的三面投影图。

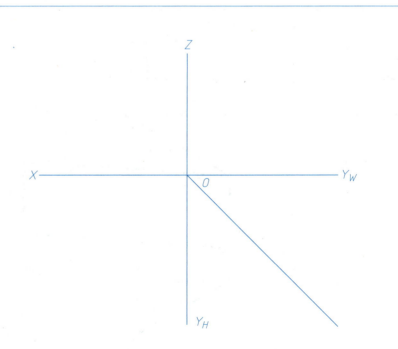

第 2 章 点、线、面的投影

2-5 已知 A、B、C、D 四点的两面投影，补画第三面投影。

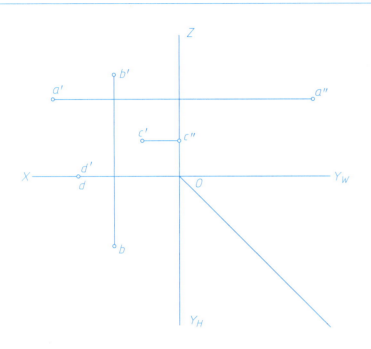

2-6 已知点的两面投影，补画第三面投影，并判别重影点的可见性。

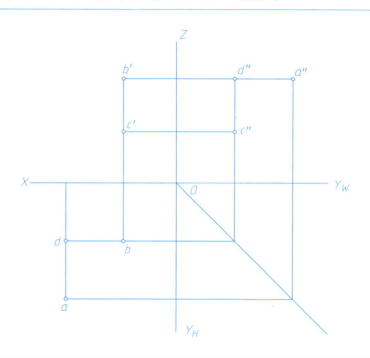

2-7 在立体的三面投影中，标出 A、B、C 三点的投影。

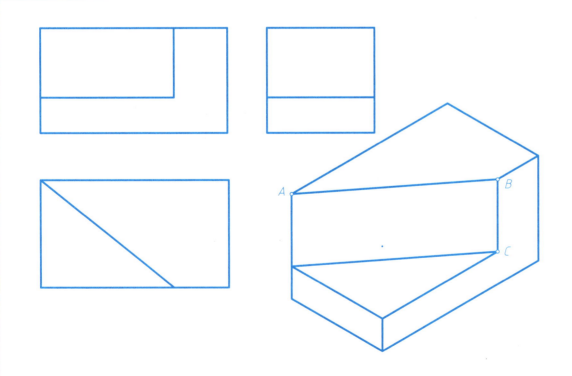

2-8 已知立体上 A、B、C 三点的两面投影，求作第三面投影，并判断它们的上下、左右、前后位置关系。

点 A 位于点 B ＿＿＿＿＿；
点 B 位于点 C ＿＿＿＿＿；
点 C 位于点 A ＿＿＿＿＿。

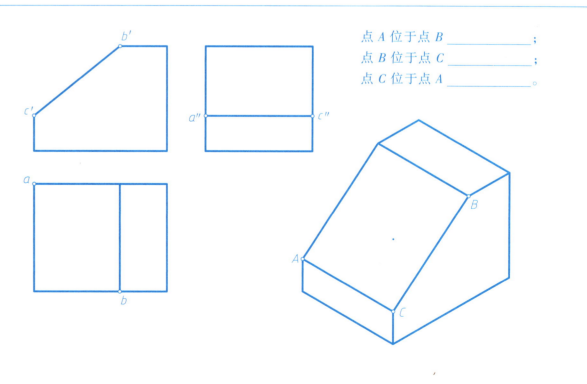

第 2 章 点、线、面的投影

2-9 画出直线的第三面投影，判断各直线对投影面的相对位置并填写直线类型。

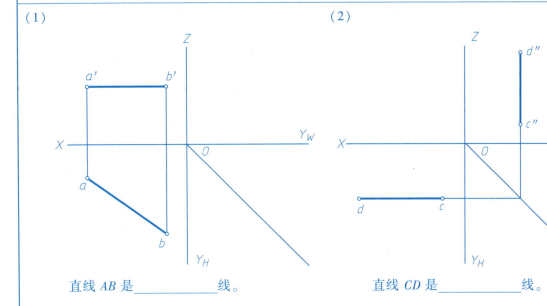

(1) 直线 AB 是 _____ 线。

(2) 直线 CD 是 _____ 线。

(3) 直线 EF 是 _____ 线。

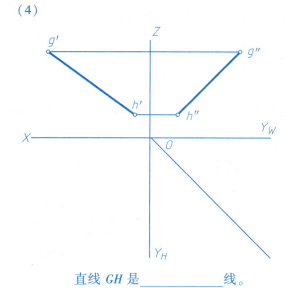

(4) 直线 GH 是 _____ 线。

2-10 已知铅垂线 AB 中点 A 的正面投影，AB 距 V 面 15mm，实长为 22mm，求作 AB 的三面投影。

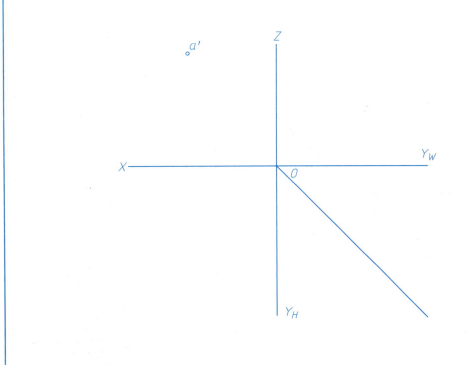

2-11 参照立体图，补画 H 面、W 面投影中缺漏的图线，标注出棱线 AB、BC、CD、DA、BE、EF 的三面投影，并判断各棱线与投影面的位置关系，填写直线类型。

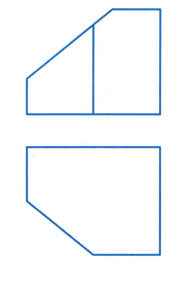

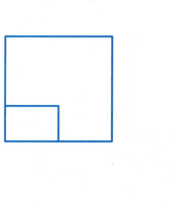

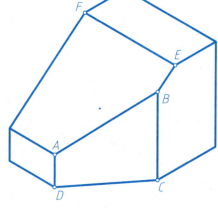

(1) 直线 AB _____ 线。　(2) 直线 BC _____ 线。
(3) 直线 CD _____ 线。　(4) 直线 DA _____ 线。
(5) 直线 BE _____ 线。　(6) 直线 EF _____ 线。

第 2 章 点、线、面的投影

2-12 判断并填写两直线的相对位置关系并填空（平行、相交、交叉）。

(1)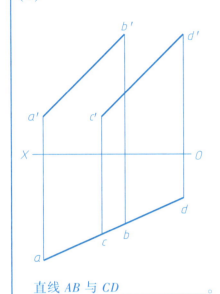

直线 AB 与 CD _____。

(2)

直线 AB 与 CD _____。

(3)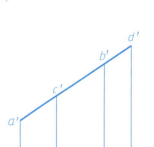

直线 AB 与 CD _____。

(4)

直线 AB 与 CD _____。

(5)

直线 AB 与 CD _____。

2-13 求作水平线 EF 的投影，使 EF 与直线 AB、CD 相交，且距 H 面 18mm。

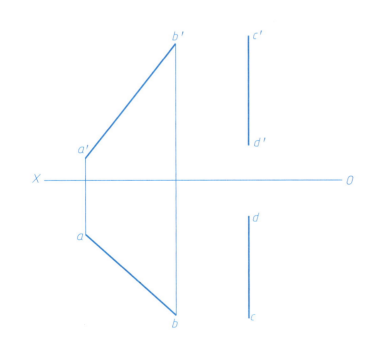

2-14 已知直线 AB 与 CD 相交于点 B，AB 平行于 EF，完成直线 AB 和 EF 的投影。

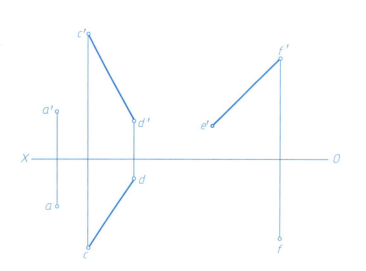

第 2 章 点、线、面的投影

2-15 判断下列平面与投影面的相对位置关系，并填写平面类型。

(1)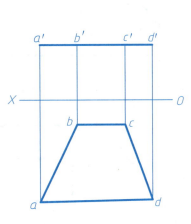

平面 ABCD 是_____面。

(2)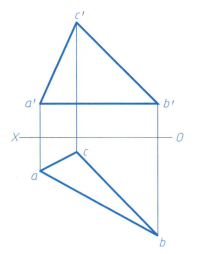

平面 ABCD 是_____面。

(3)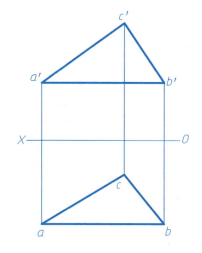

平面 ABC 是_____面。

(4)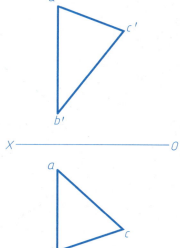

平面 ABC 是_____面。

(5)

平面 ABC 是_____面。

2-16 已知平面图形的两面投影，作出其第三面投影。

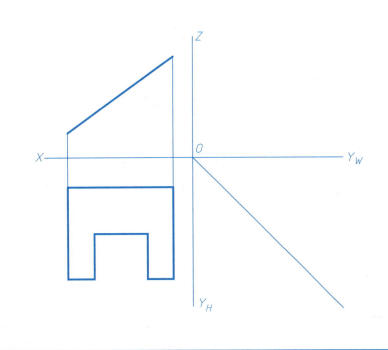

2-17 已知点 K 在平面 ABC 上，判断构成平面的三条线对投影面的位置并作出平面 ABC 的第三面投影及点 K 的另两面投影。

AB 是_____线

AC 是_____线

BC 是_____线

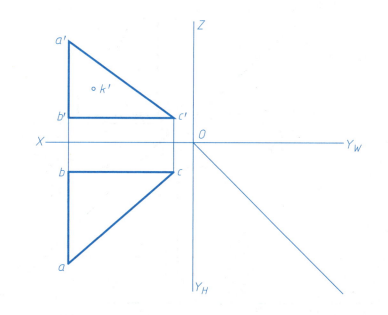

第 2 章 点、线、面的投影

2-18 已知平面图形的两面投影,求作其第三面投影。

2-19 求平面 ABCD 上的矩形 EFGH 的正面投影。

2-20 已知平面图形的两面投影,求作其第三面投影。

2-21 已知直线 GK 是 △EFG 内的一条正平线,完成 △EFG 和直线 GK 的 H 面投影。

第 2 章 点、线、面的投影

2-22 已知直线 AC 是水平线，完成平面五边形 ABCDE 的正面投影。

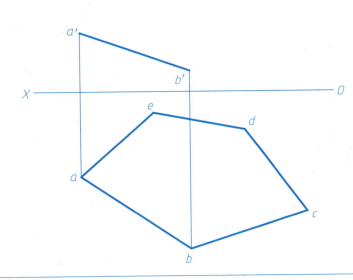

2-23 已知 △EFG 在平面 ABCD 内，求作其水平投影。

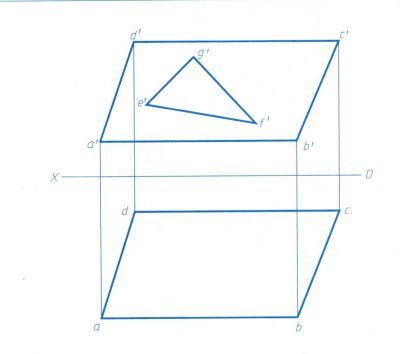

2-24 参照立体图，在三面投影图中标出平面 A、B、C 的投影，并判断它们的相对投影位置，填写平面类型。

(1)

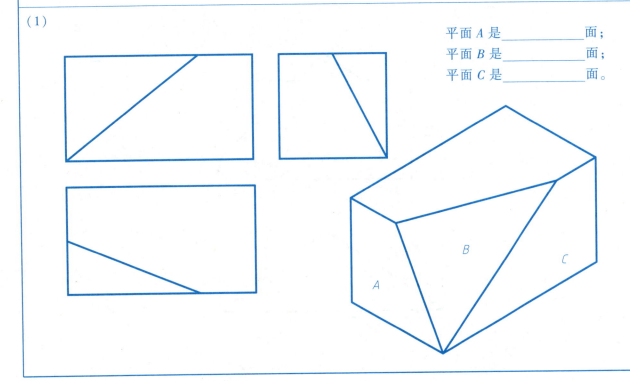

平面 A 是_____面；
平面 B 是_____面；
平面 C 是_____面。

(2)

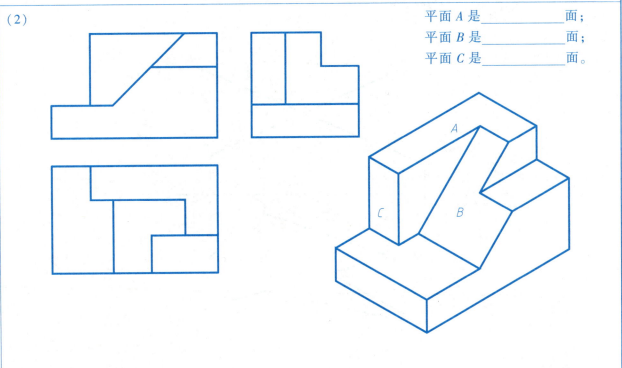

平面 A 是_____面；
平面 B 是_____面；
平面 C 是_____面。

第 2 章 点、线、面的投影

姓名　　　　　班级学号　　　　　14

2-25 已知直线 DE 平行于平面 ABC，求作其正面投影 d'e'。

2-26 求直线与平面的交点，补全直线与平面的投影，并判断可见性。

(1)

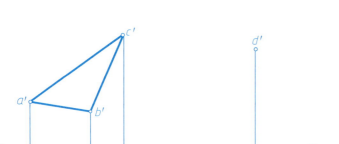

(2)

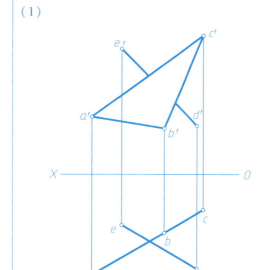

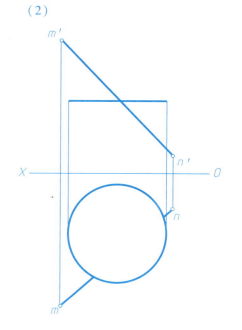

2-27 求两平面的交线，补全面的投影并判断可见性。

(1)

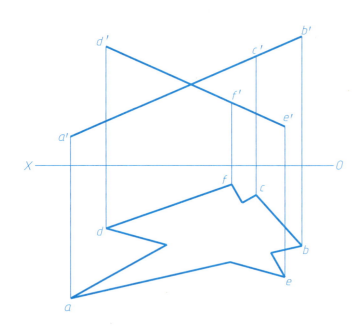

(2)

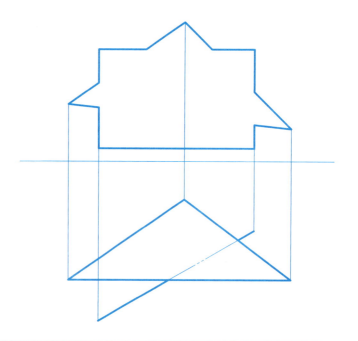

第 3 章　立体的投影

姓名　　　班级学号　　　15

3-1　作出立体的第三面投影，并补全立体表面点的其余投影。

(1)
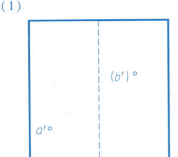

(2)
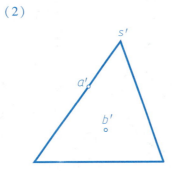

(3)
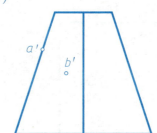

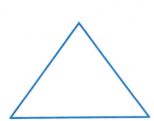

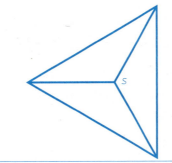

3-2　求作三棱锥的侧面投影。

3-3　补画四棱柱上线段 AB、BC 的其余投影。

3-4　求作三棱锥的侧面投影，以及棱锥表面上各线段的另两面投影。

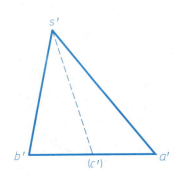

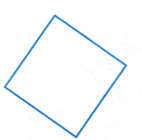

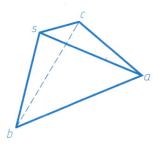

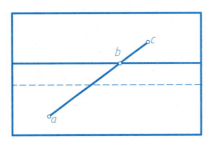

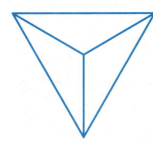

第 3 章 立体的投影

3-5 已知曲面立体表面上点的一面投影,求作另两面投影。

(1)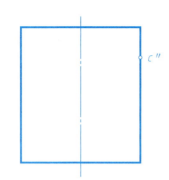

(2)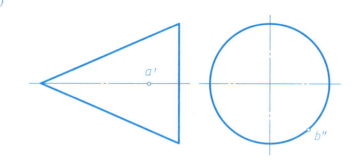

(3)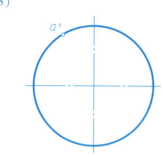

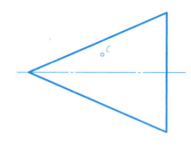

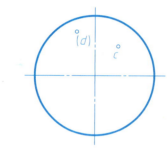

(4)

3-6 求出立体表面曲线的另两面投影,并判断可见性。

(1)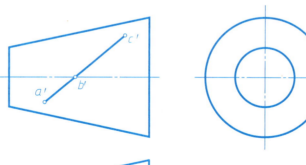

(2)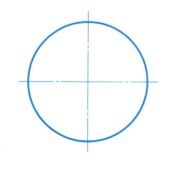

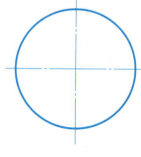

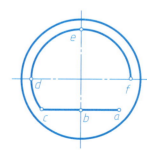

第3章 立体的投影

3-7 完成平面立体被截切后的三面投影。

(1)

(2)
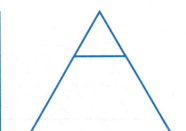

(3)

(4)
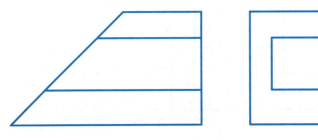

(5)

(6)
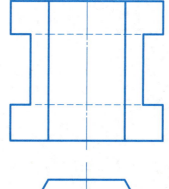
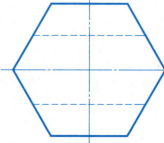

第3章 立体的投影

姓名　　　　　班级学号　　　　　18

3-8 完成回转体被截切、穿孔后的三面投影。

(1)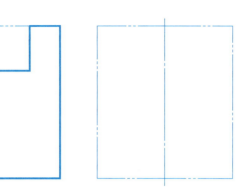

(2)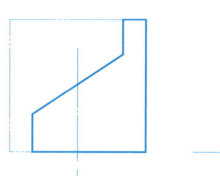

(3)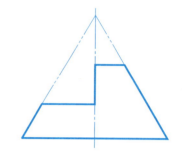

(4)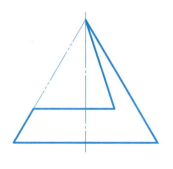

(5)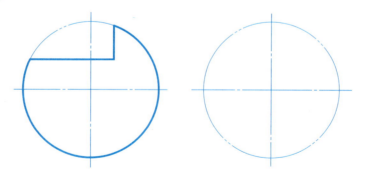

(6)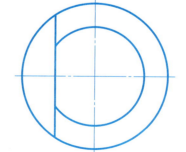

第 3 章 立体的投影

3-8 完成回转体被截切、穿孔后的三面投影。（续）

(7)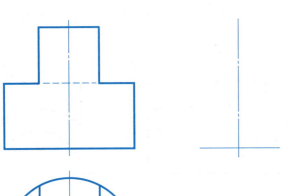

(8)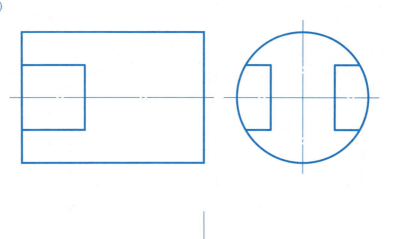

(9)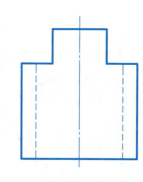

(10)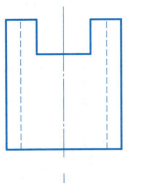

(11)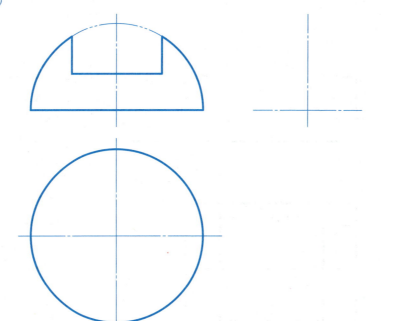

(12)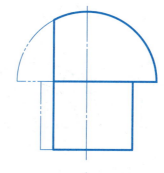

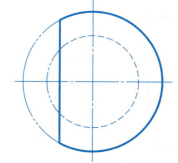

第3章 立体的投影

3-9 补全相贯曲面立体的投影。

(1)
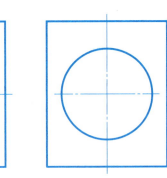
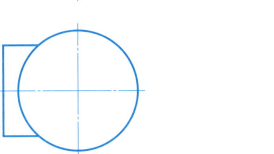

(2)

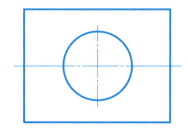

(3)
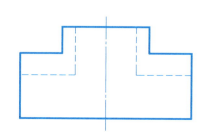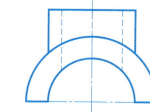
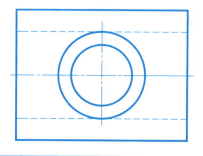

(4)
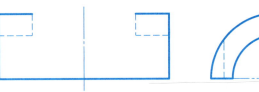
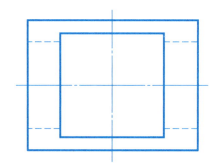

(5)

(6)
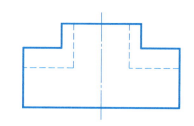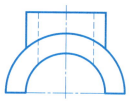
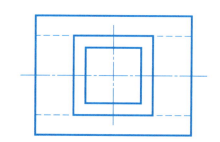

第3章 立体的投影

3-9 补全相贯曲面立体的投影。（续）

(7)
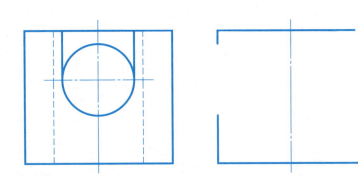
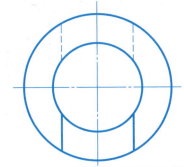

(8)
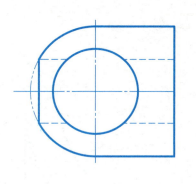
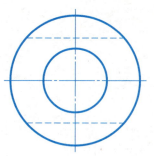
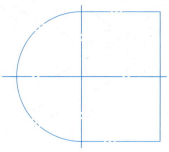

(9)
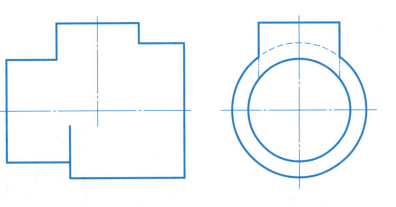
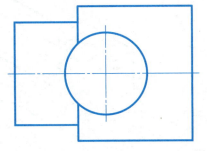

(10)
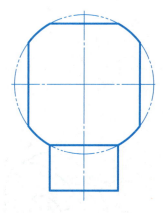
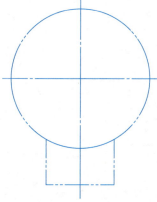
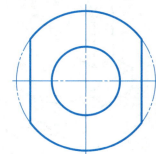

第 4 章 组合体

4-1 根据给定的立体图及尺寸，按 1 : 1 的比例画出立体的三视图。

(1)

(2)

(3)
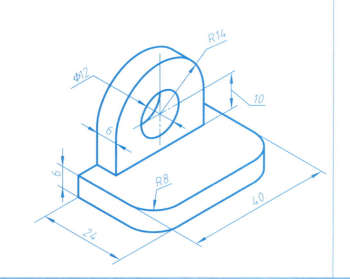

(4)
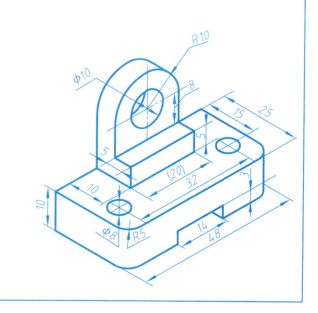

第4章 组合体

4-2 根据立体图补全三视图中缺漏的图线。

(1)
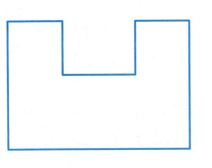
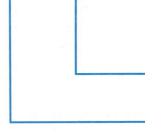
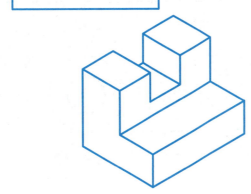

(2)
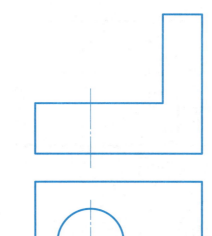
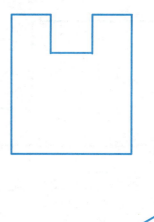

(3)
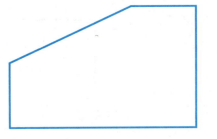

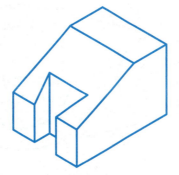

(4)

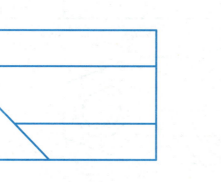
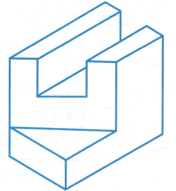

第4章 组合体

姓名　　　　班级学号　　24

4-3 分析组合体的视图,补全缺漏的图线。

(1)
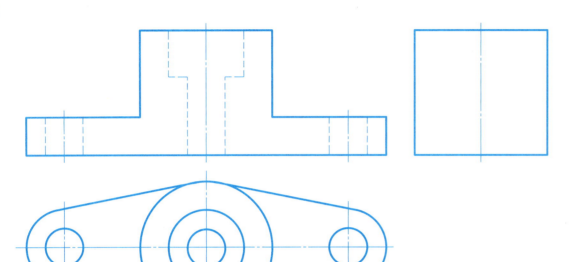

(2)
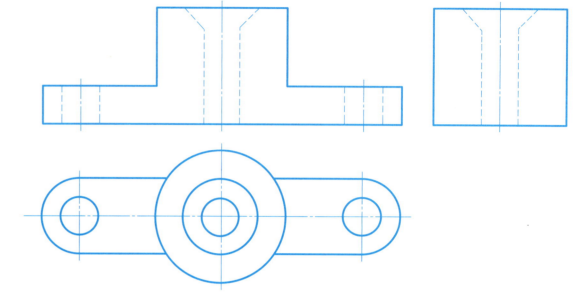

(3)
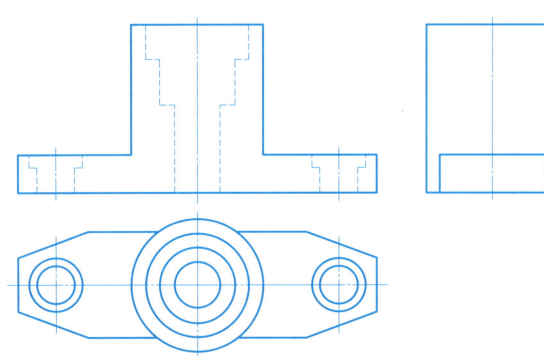

(4)
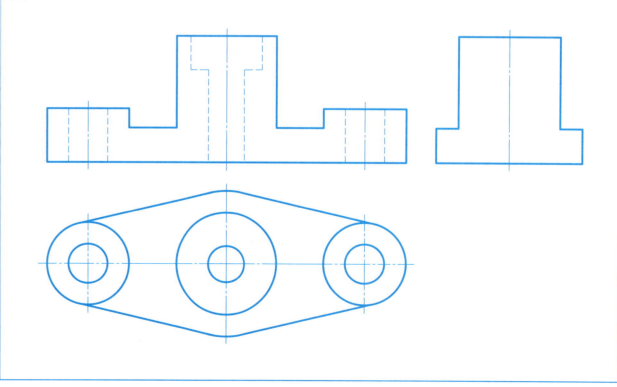

第4章 组合体

4-3 分析组合体的视图,补全缺漏的图线。(续)

(5)

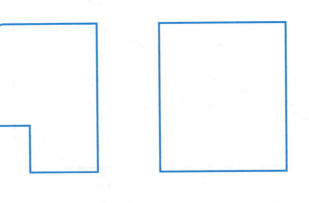

(6)

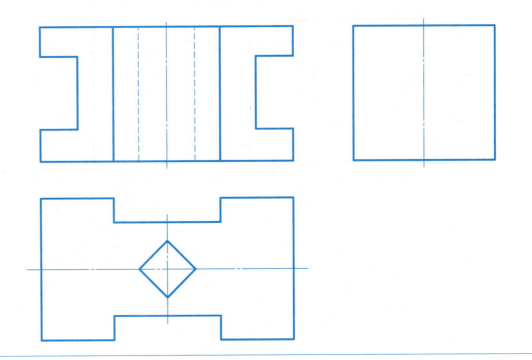

(7)

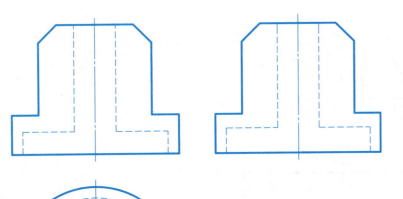

(8)

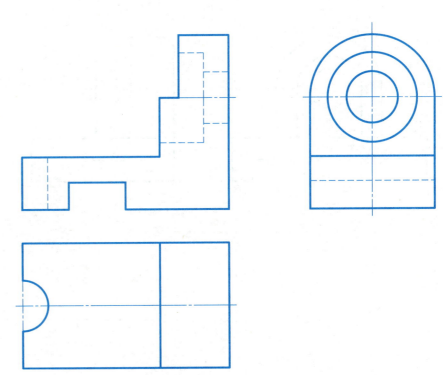

第4章 组合体

4-4 根据组合体已知的两个视图补画第三视图。

(1)

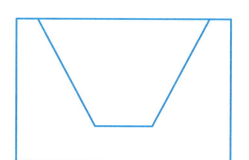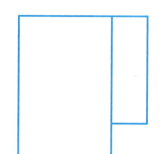

(2)

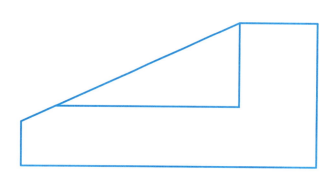

(3)

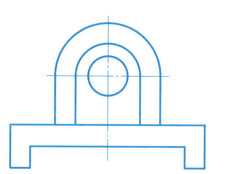

(4)

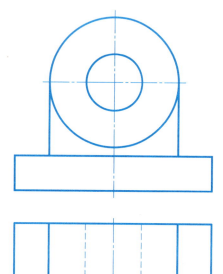

第 4 章 组合体

4-4 根据组合体已知的两个视图补画第三视图。(续)

(5)

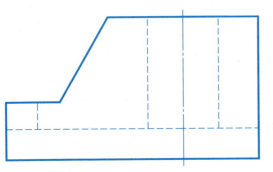

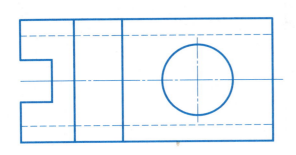

(6)

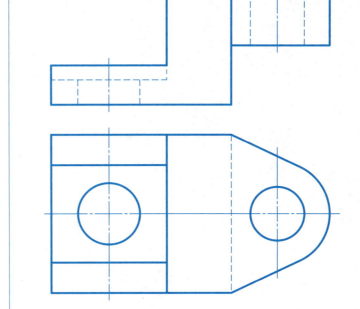

(7)

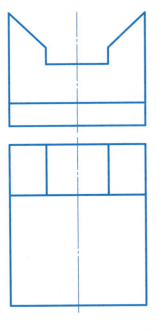

(8)

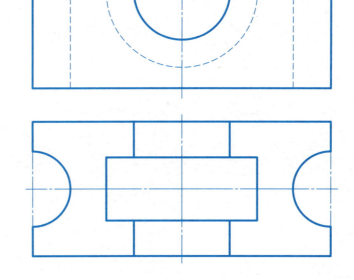

第 4 章 组合体

4-4 根据组合体已知的两个视图补画第三视图。(续)

(9)
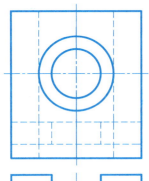

(10)
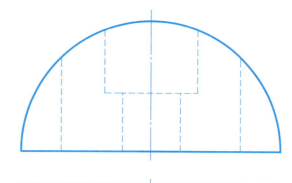

(11)
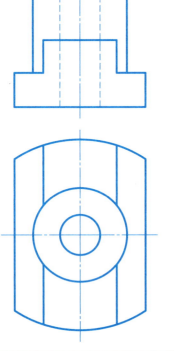

(12)
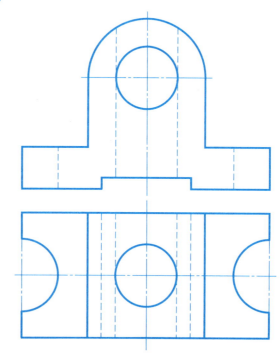

第 4 章 组合体

4-4 根据组合体已知的两个视图补画第三视图。(续)

(13)
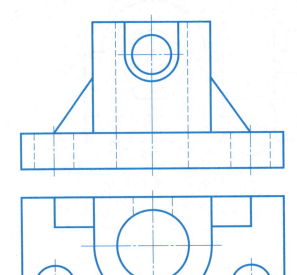

(14)
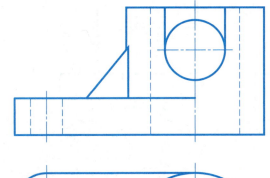

(15)
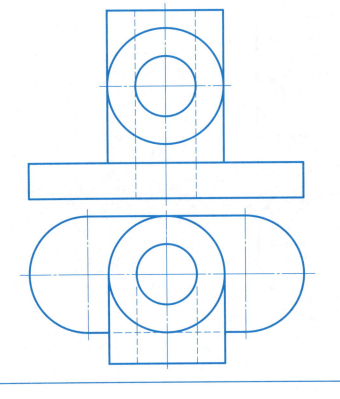

(16)
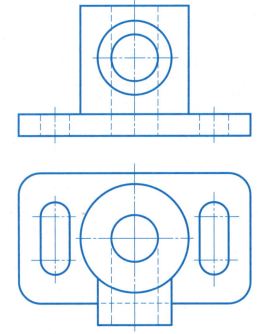

第 4 章 组合体

姓名　　　　班级学号　　30

4-4 根据组合体已知的两个视图补画第三视图。(续)

(17)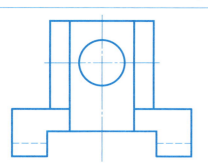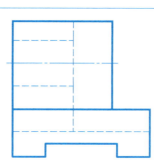

(18)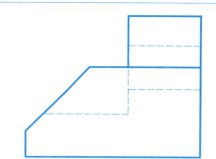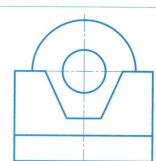

(19)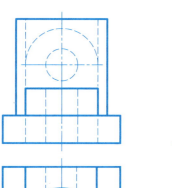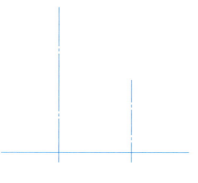
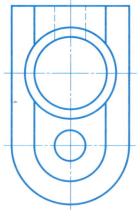

(20)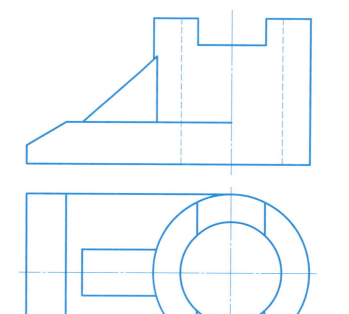

第4章 组合体

4-5 标注组合体的尺寸。尺寸数值按 1∶1 的比例从图上量取，并取整数。

(1)

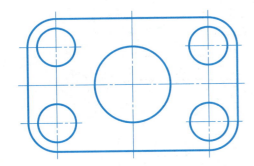

(2)
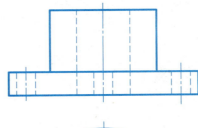
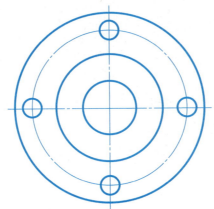

(3)
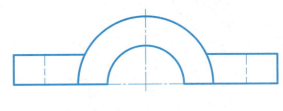
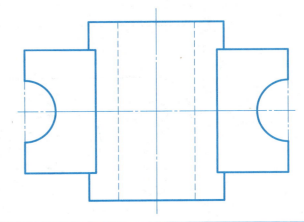

(4)
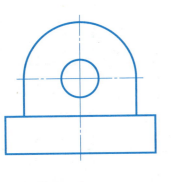
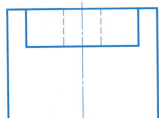

(5)
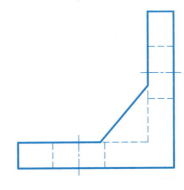
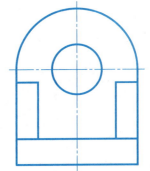
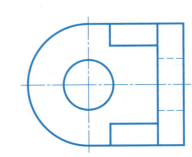

第 4 章 组合体

4-5 标注组合体的尺寸。尺寸数值按 1∶1 的比例从图上量取，并取整数。（续）

(6)

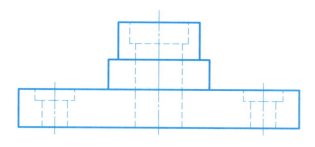

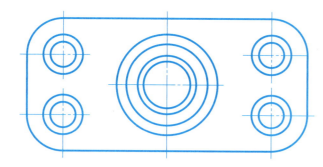

(7)

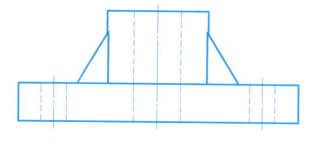

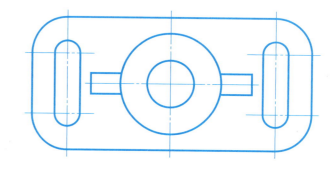

(8)

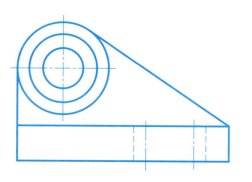

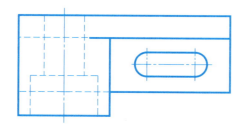

(9)

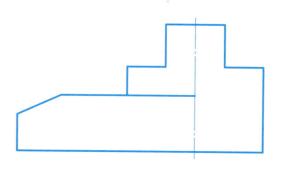 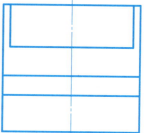

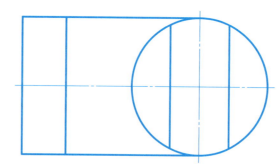

第 4 章 组合体

4-6 根据立体图，在 A3 图纸上画出组合体的三视图。

(1)

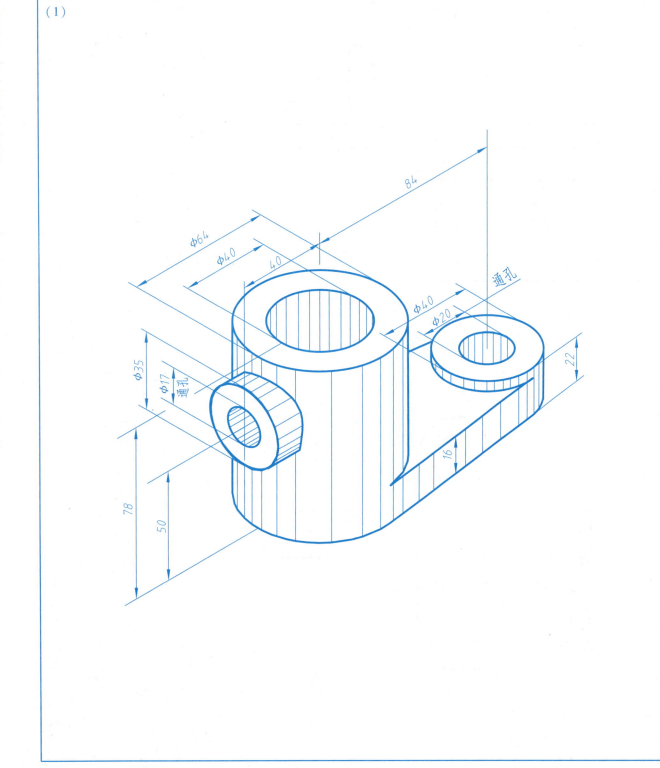

(2)

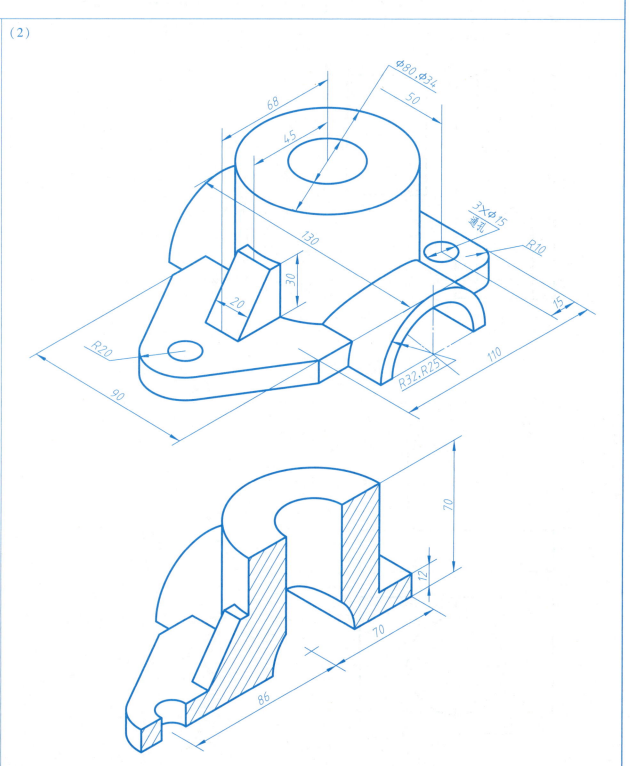

第 5 章 轴测图

5-1 根据所给视图，画出立体的正等轴测图。尺寸按 1∶1 的比例从图中量取，并取整数。

(1)

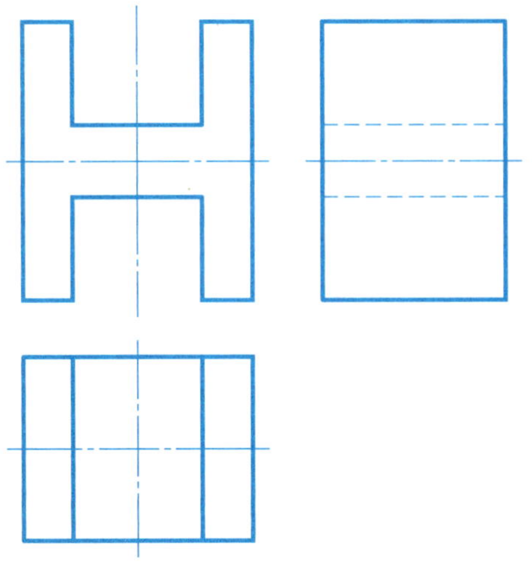

(2)

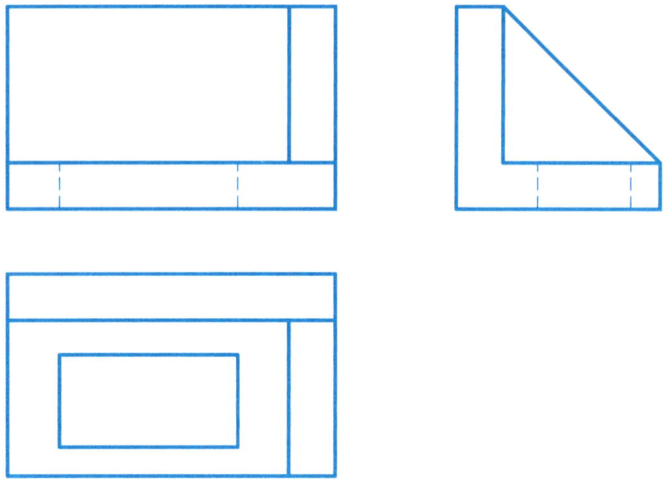

(3)

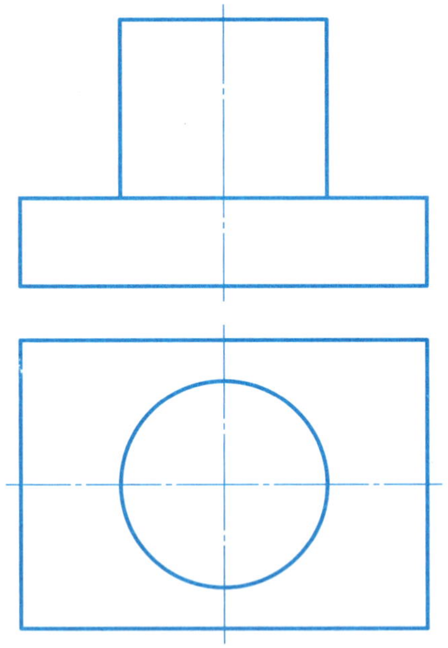

(4)

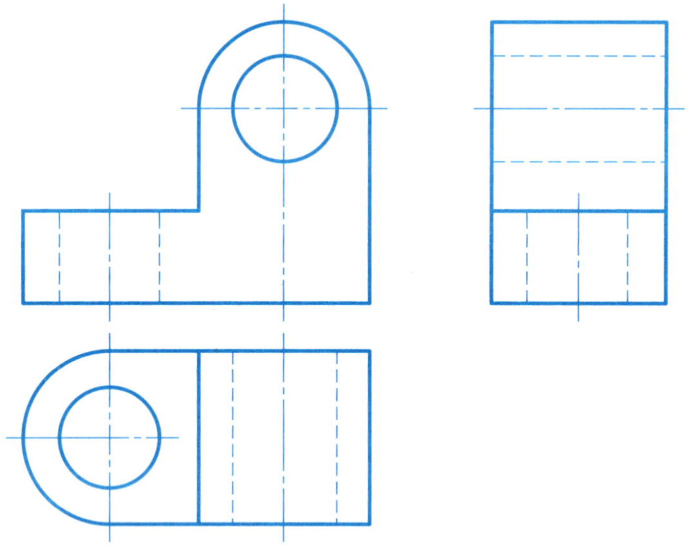

第 5 章 轴测图

5-1 根据所给视图，画出立体的正等轴测图。尺寸按 1∶1 的比例从图中量取，并取整数。（续）

(5)

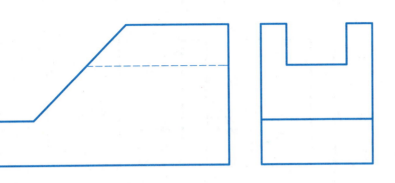

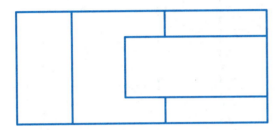

(6)

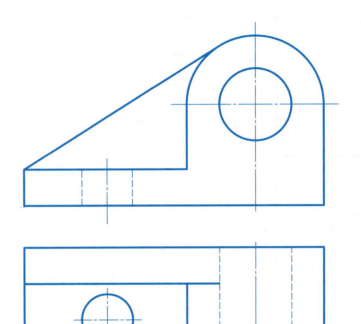

第5章 轴测图

姓名　　　　班级学号　　　36

5-2 根据三视图，画出立体的斜二轴测图。尺寸数值按1:1的比例从图中量取，并取整数。

（1）

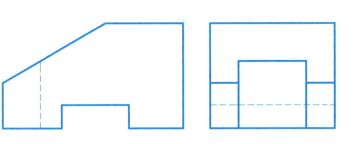

（2）

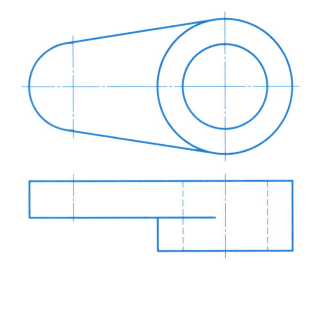

（3）

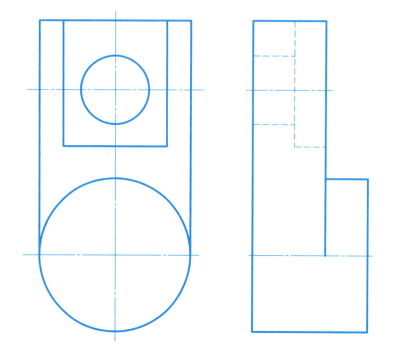

第 6 章 机件的表达方法

姓名　　　　班级学号　　　37

6-1 已知立体的轴测图和主、俯、左视图，画出立体的其他三个基本视图。

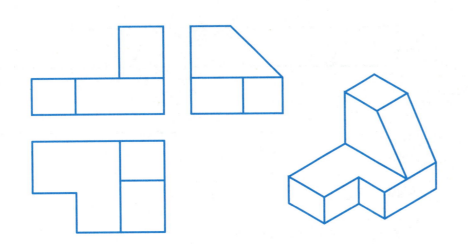

6-3 根据给出的主、俯视图，画出指定方向的向视图和局部视图。

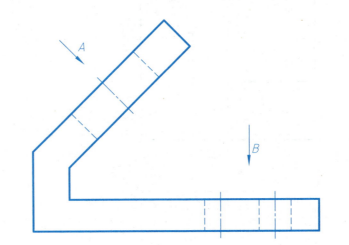

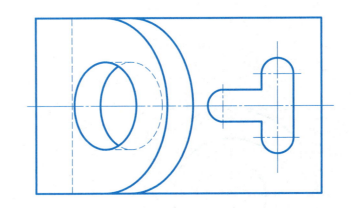

6-2 已知立体的主、俯、左视图，画出立体的其他三个基本视图。

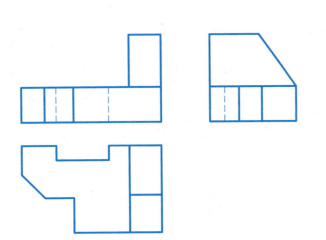

第 6 章　机件的表达方法

6-4　在指定位置将主视图画成全剖视图。

(1)

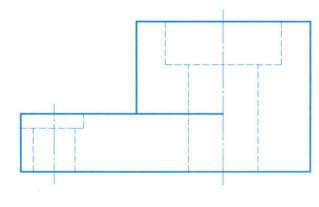

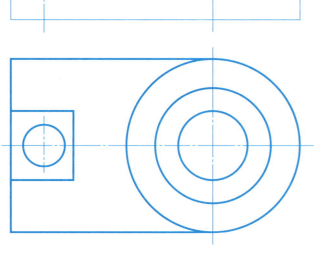

(2)

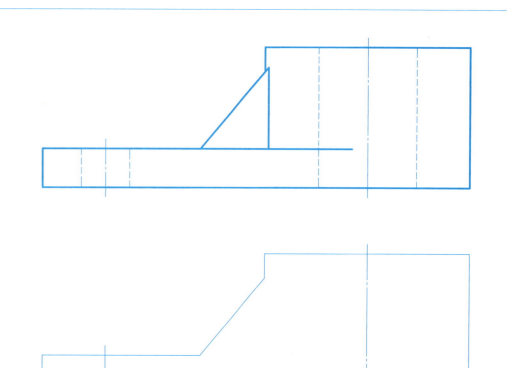

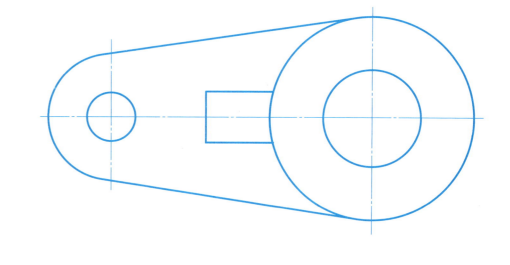

第6章 机件的表达方法

6-5 根据给定视图，分析机件的结构形状，补画剖视图中缺漏的图线。

(1)
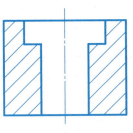
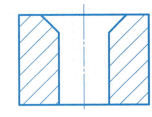
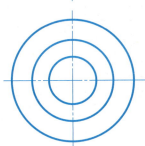
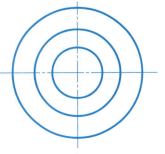

(2)
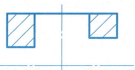
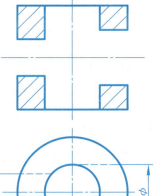
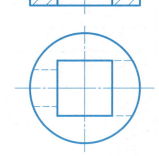

(3)
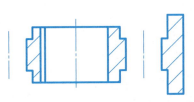
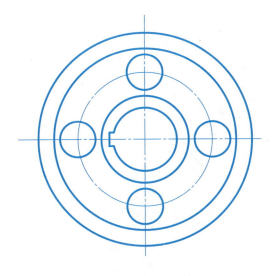

(4)
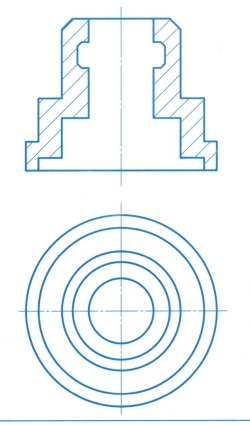

(5)
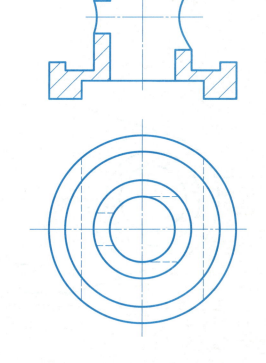

第6章 机件的表达方法

6-6 采用几个平行剖切平面的剖切方式,在指定位置将主视图重新表达。

6-7 采用几个相交剖切平面的剖切方式,在指定位置将主视图重新表达。

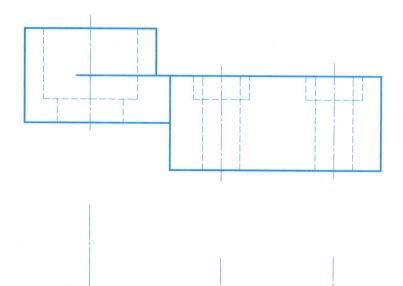

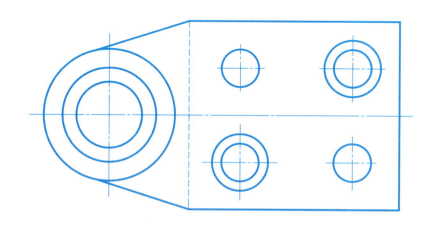

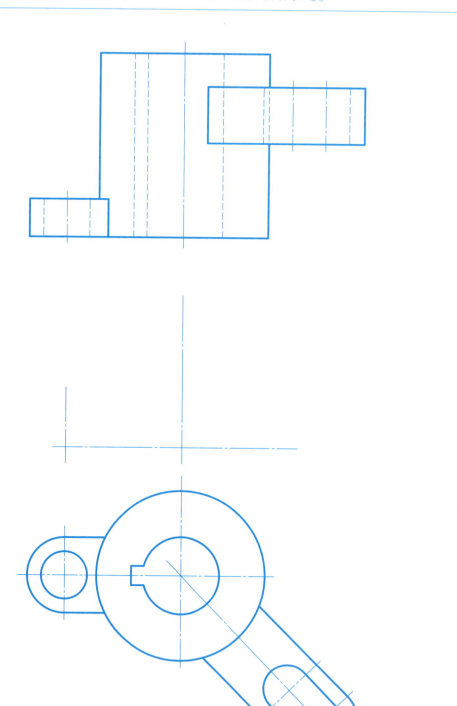

第 6 章　机件的表达方法

6-8　在指定位置将主视图改画成全剖视图。

(1)

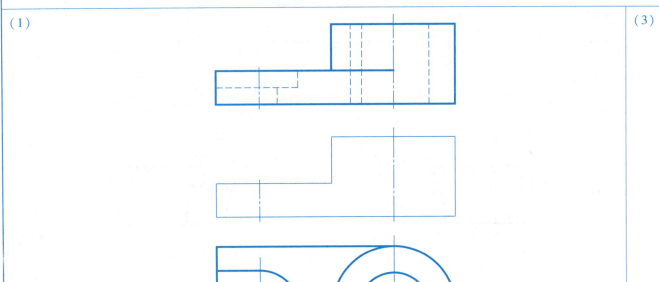

(2)

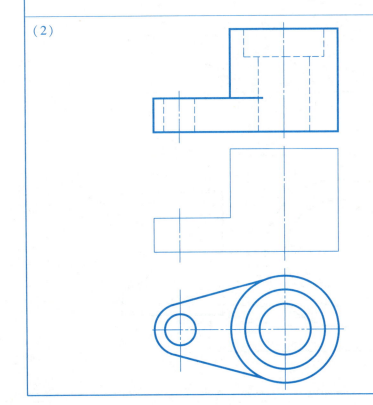

(3)

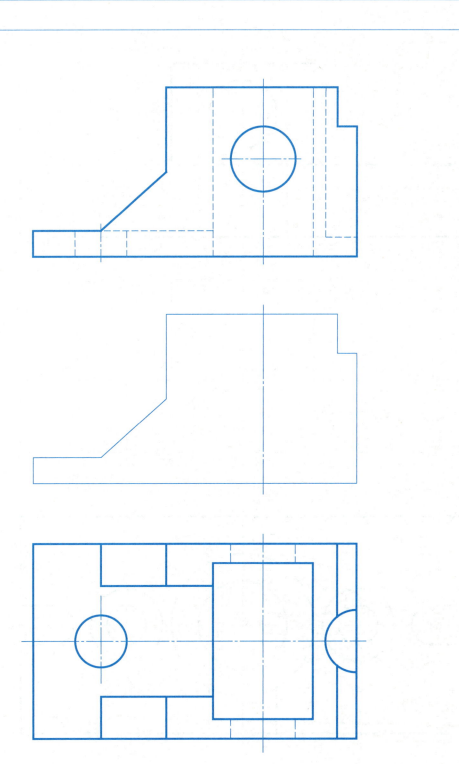

第6章 机件的表达方法

6-9 在指定位置将主视图改画成半剖视图。

(1)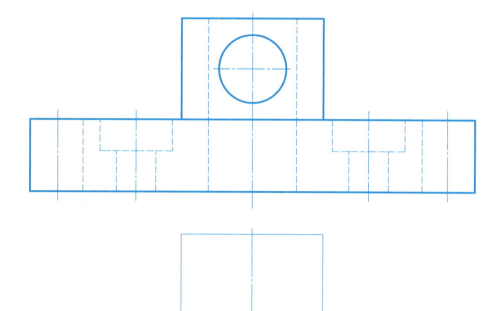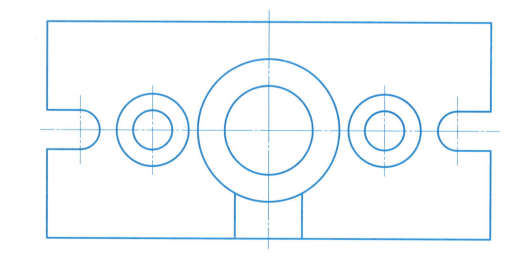

(2)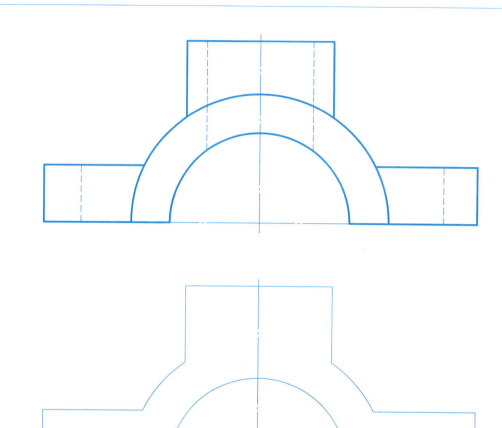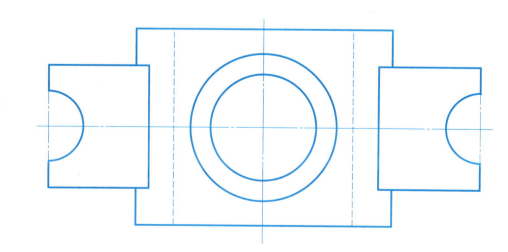

第6章 机件的表达方法

6-9 在指定位置将主视图改画成半剖视图。（续）

（3）

6-10 在指定位置将主、俯视图画成局部剖视图。

第6章 机件的表达方法

6-11 根据已给的主、俯视图，在指定位置将主视图改画成半剖视图，并画出全剖的左视图。

(1)

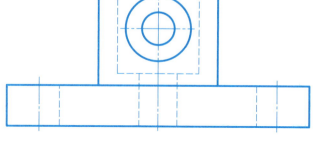
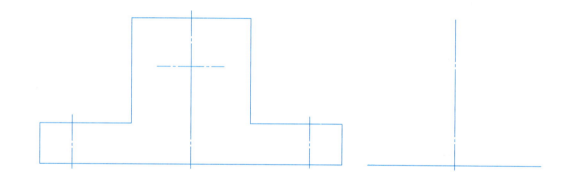
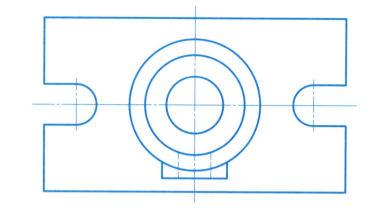

(2)

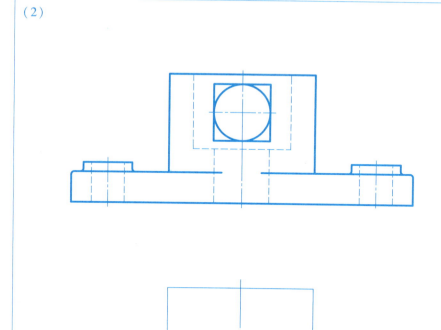
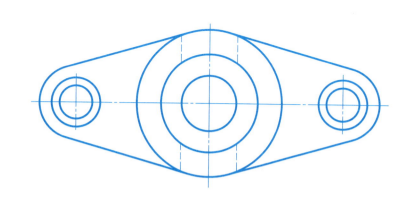

第6章 机件的表达方法

45

6-11 根据已给的主、俯视图，在指定位置将主视图改画成半剖视图，并画出全剖的左视图。（续）

(3)

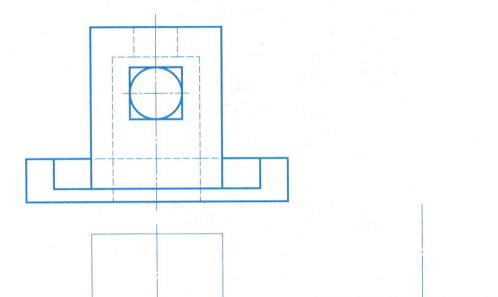

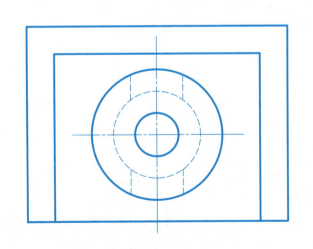

6-12 根据已给的主、俯视图，在指定位置将主视图改画成全剖视图，并画出半剖的左视图。

(1)

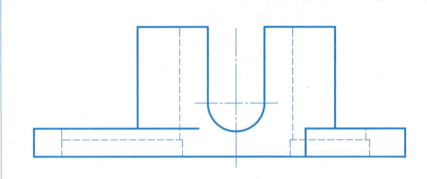

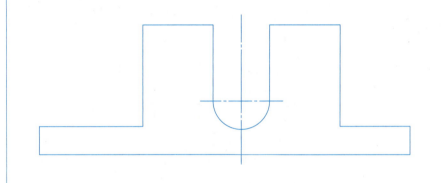

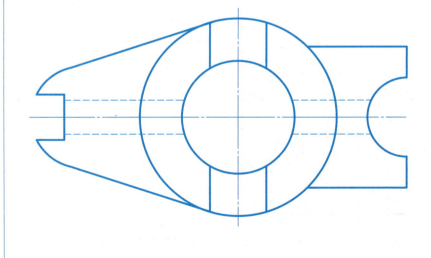

第 6 章 机件的表达方法

6-12 根据已给的主、俯视图，在指定位置将主视图改画成全剖视图，并画出半剖的左视图。（续）

(2)

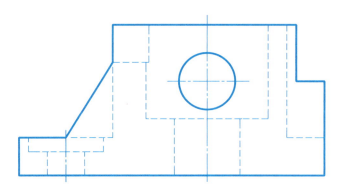

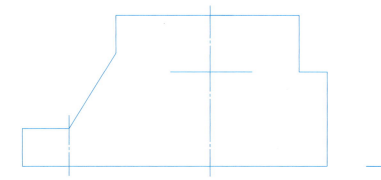

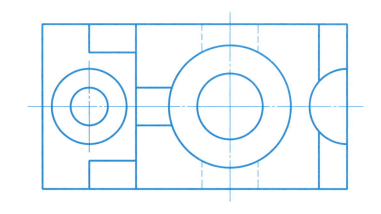

6-13 根据已给的主、俯视图，画出指定位置的断面图。

(1)

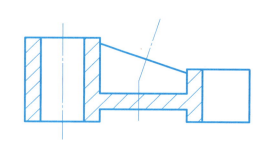

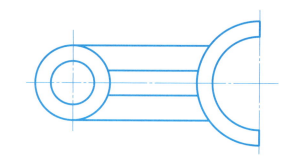

(2)

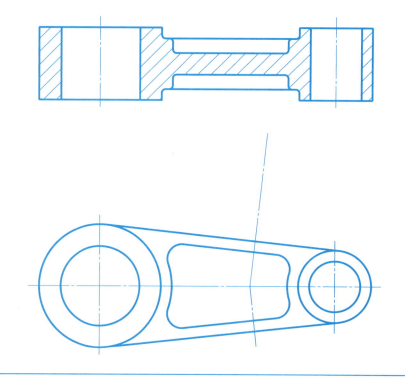

第 6 章　机件的表达方法

6-14　画出轴的指定位置的移出断面图。其中，左侧键槽深 4mm，右侧键槽深 3mm。

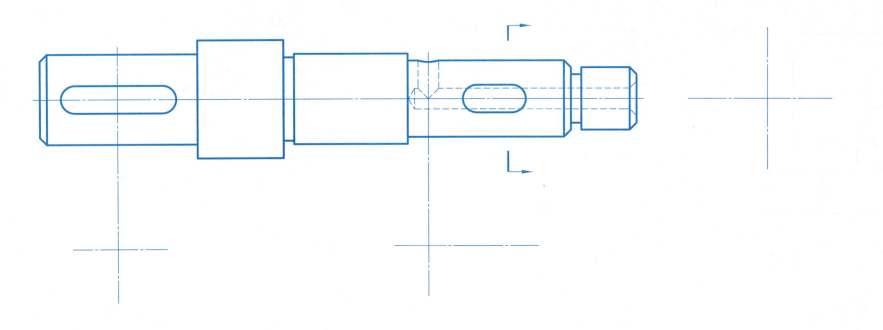

6-15　画出图示机件的指定位置的移出断面图。

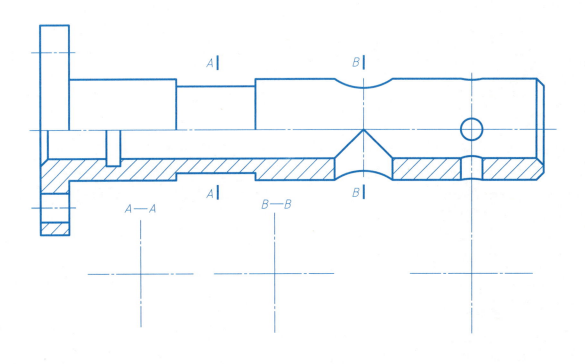

第 6 章 机件的表达方法

6-16 根据已给视图,构思机件形状结构,在右侧空白处合理选用视图表达该机件,并标注尺寸。尺寸数值按 1∶1 的比例在图中量取,并取整数。

(1)

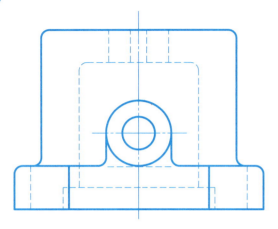

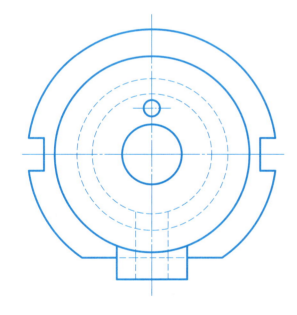

第6章　机件的表达方法

姓名　　　　班级学号　　　　49

6-16　根据已给视图，构思机件形状结构，在右侧空白处合理选用视图表达该机件，并标注尺寸。尺寸数值按1∶1的比例在图中量取，并取整数。（续）

(2)

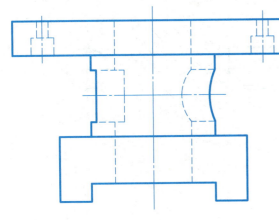
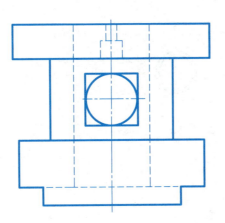
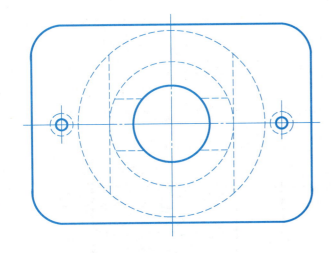

第 6 章 机件的表达方法

6-17 读图，找出下列螺纹画法中的错误，并在指定位置画出正确图形。

(1)

(2)
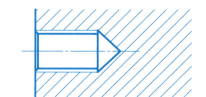

(3)

(4)

(5)
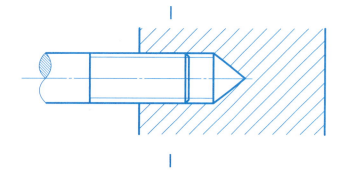

第 6 章　机件的表达方法

6-18 根据给定条件，完成螺纹尺寸标注。

(1) 粗牙普通螺纹，公称直径为 40mm，螺距为 5mm，左旋，中顶径公差带代号为 7g6g，长旋合。

(2) 细牙普通螺纹，公称直径为 40mm，导程为 5mm，螺距为 2.5mm，右旋，顶径公差带代号为 6H。

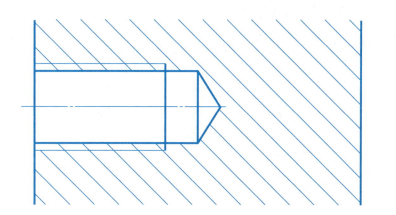

(3) 梯形螺纹，公称直径为 40mm，导程为 14mm，双线，左旋，中、顶径公差带代号均为 6g，中等旋合长度。

(4) 55°非密封管螺纹，尺寸代号为 1/2，公差等级为 A 级，左旋。

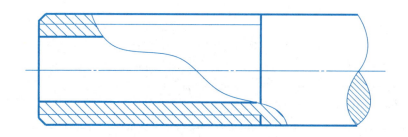

第6章 机件的表达方法

6-19 完成下列填空题。

(1) 内外螺纹只有在_____、_____、_____、_____、_____五要素完全相同时，才能旋合在一起。
(2) _____、_____、_____均符合国家标准的螺纹，称为标准螺纹。
(3) 内、外螺纹旋合后，以过轴线的平面剖切来获得剖视图时，外螺纹的牙顶对应内螺纹的_____（牙顶、牙底），外螺纹的牙底对应内螺纹的_____（牙顶、牙底）。
(4) 螺距是相邻两牙在_____（大、中、小）径线上对应两点的_____（轴、径）向距离。
(5) 盲孔螺纹孔的末端锥顶角在图样中一般画成_____°。
(6) 盲孔螺纹孔的钻孔深度、螺孔深度分别画出时，一般推荐将两深度间距离画为_____。

6-20 解释螺纹标记的意义。

螺纹标记	螺纹种类	螺纹大径	螺距	导程	线数	旋向	中顶径公差带代号	旋合长度
M20-5H-LH								
M12×1-7H-L-LH								
Tr32×12（P6）LH-8H-L								
B40-8g-S								

第 6 章 机件的表达方法

6-21 根据视图分析机件形状结构,在 A3 图纸上采用合适的表达方案表达机件,并标注尺寸。

(1)

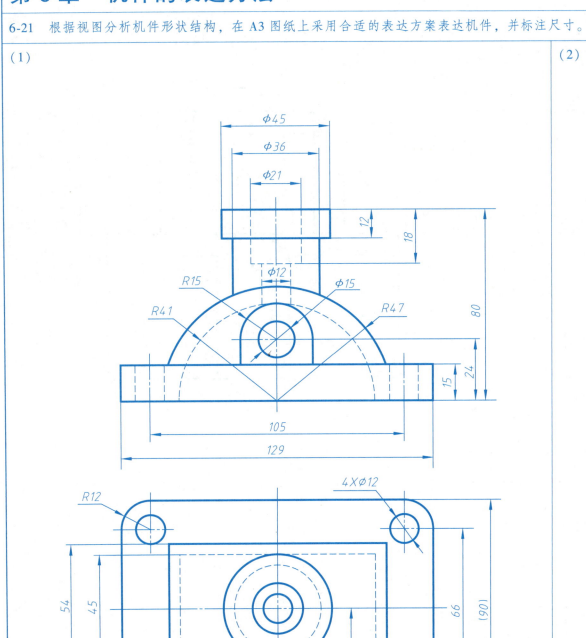

(2)

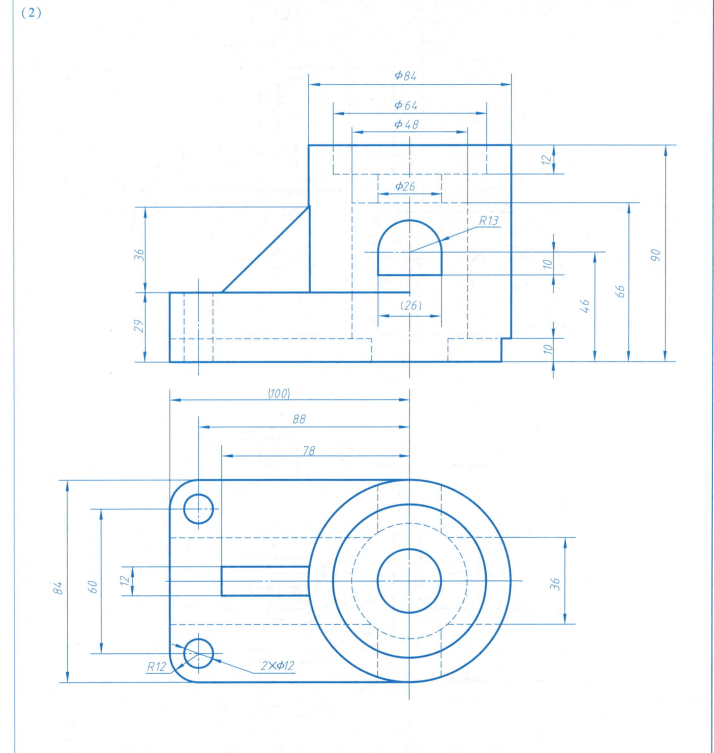

第 6 章 机件的表达方法

6-21 根据视图分析机件形状结构，在 A3 图纸上采用合适的表达方案表达机件，并标注尺寸。（续）

(3)

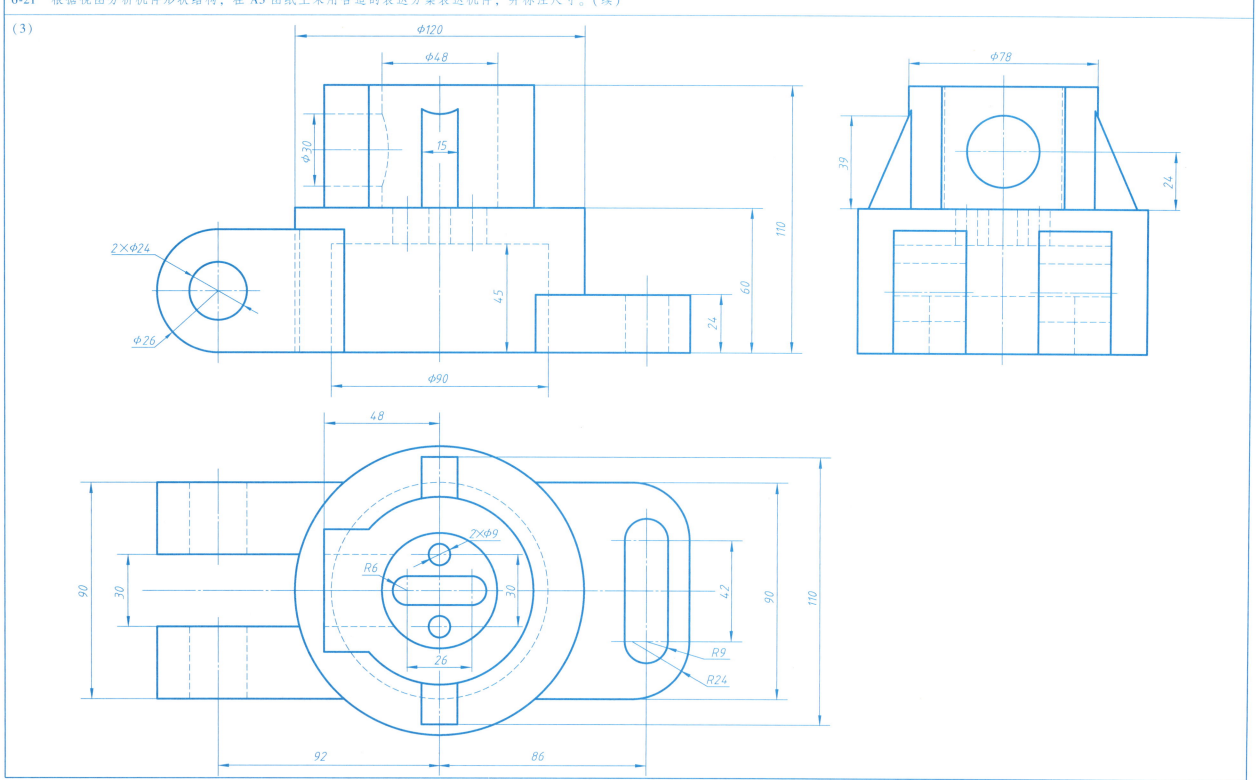

第7章 零件图

7-1 根据所给标记，查表填写下列各螺纹紧固件的尺寸。

（1）六角头螺栓：螺栓 GB/T 5782 M24×60

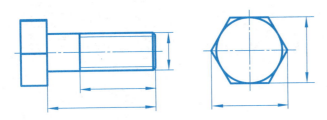

（2）开槽沉头螺钉：螺钉 GB/T 68 M10×30

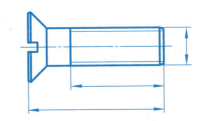

（3）双头螺柱：螺柱 GB/T 898 M20×60

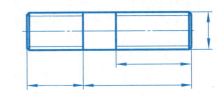

（4）1型六角螺母：螺母 GB/T 6170 M20

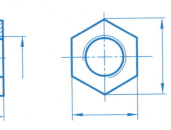

（5）开槽长圆柱端紧定螺钉：螺钉 GB/T 75 M10×25

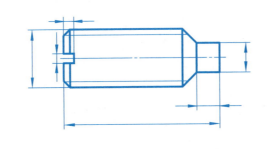

（6）平垫圈：垫圈 GB/T 97.1 20

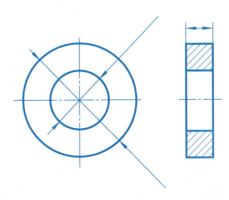

7-2 根据所给标记，查表填写键的尺寸。

普通型 平键：GB/T 1096 键 20×12×70

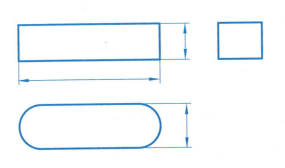

7-3 根据所给标记，查表填写销的尺寸。

（1）圆柱销：销 GB/T 119.1 6 m10×30

（2）圆锥销：销 GB/T 117 10×32

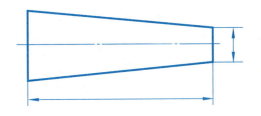

第 7 章 零件图

7-4 完成下列填空题。

(1) 齿轮轮齿部分，齿顶圆和齿顶线用_____线绘制，分度圆和分度线用_____线绘制。视图中，齿根圆用_____线绘制或_____。剖视图中，齿根线用_____线绘制。

(2) 过轴线剖切一齿轮得到的剖视图中，剖切面不通过齿轮轮齿时，轮齿一般按_____（剖、不剖）绘制。

(3) 在齿轮零件图中，齿顶圆、分度圆、齿根圆三个圆的直径尺寸只要标出_____圆的直径、_____圆直径不需要标出。

7-5 已知直齿圆柱齿轮模数 $m = 3$ mm，齿数 $z = 27$，求出齿轮各圆直径和轮齿各高度，并填入表中，完成齿轮两视图。

模数	
齿数	
分度圆直径	
齿顶圆直径	
齿根圆直径	
齿顶高	
齿根高	
齿高	

第7章 零件图

7-6 已知小齿轮齿数 $z=15$，模数 $m=3$mm，两齿轮中心距 $a=67.5$mm，试计算大、小齿轮的主要参数尺寸，填表并完成两直齿圆柱齿轮的啮合图。

模数	
中心距	
小齿轮齿数	
大齿轮齿数	
小齿轮分度圆直径	
大齿轮分度圆直径	
小齿轮齿顶圆直径	
大齿轮齿顶圆直径	
小齿轮齿根圆直径	
大齿轮齿根圆直径	

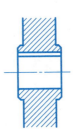

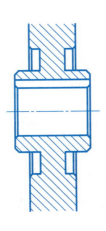
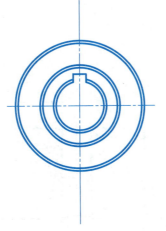

第 7 章 零件图

7-7 根据文字描述标注表面结构代号。

(1)

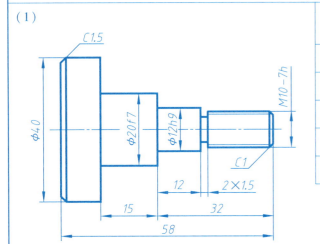

序号	表面名称	表面粗糙度 Ra 值（μm）
1	$\phi 20f7$ 外圆柱面	3.2
2	$\phi 40$ 圆柱右端面	6.3
3	$\phi 12h9$ 外圆柱面	3.2
4	右端螺纹表面	3.2
5	其余表面	12.5

(2)

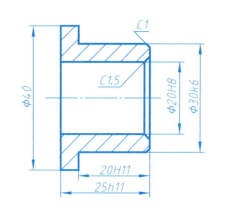

序号	表面名称	表面粗糙度 Ra 值（μm）
1	$\phi 20H8$ 孔内表面	1.6
2	$\phi 30k6$ 外圆柱面	3.2
3	零件左、右端面	3.2
4	其余表面	2.5

7-8 根据文字描述，标注轴的几何公差。

① $\phi 18h7$ 圆柱面的轴线为基准 A。

② $\phi 18h7$ 圆柱面的圆柱度公差为 0.02。

③ $\phi 10H6$ 不通孔轴线对 $\phi 18h7$ 圆柱面轴线的同轴度公差为 $\phi 0.05$。

④ $\phi 12h7$ 圆柱面的轴线为基准 B。

⑤ $\phi 4H8$ 孔的轴线对 $\phi 12h7$ 圆柱面轴线的垂直度公差为 $\phi 0.05$。

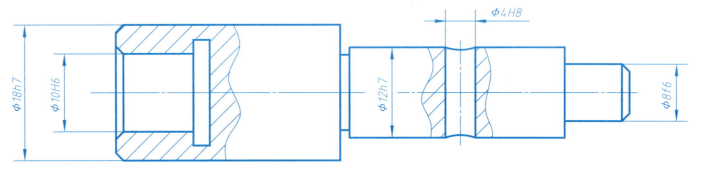

第 7 章 零件图

7-9 解读各配合尺寸的含义并填入表中，在零件图中标注相应的配合尺寸和公差数值。

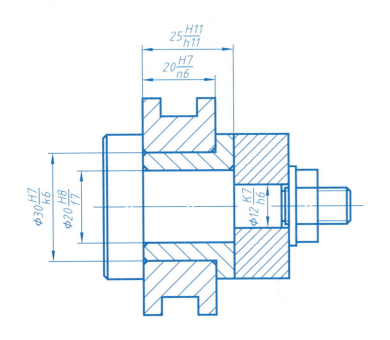

配合尺寸	配合制	配合类型	公差带代号		基本偏差代号		标准公差等级	
			孔	轴	孔	轴	孔	轴
$\phi 30 \dfrac{H7}{k6}$								
$\phi 20 \dfrac{H8}{f7}$								
$\phi 12 \dfrac{K7}{h6}$								
$25 \dfrac{H11}{h11}$								
$20 \dfrac{H7}{n6}$								

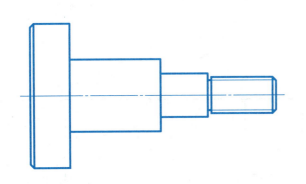
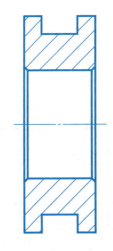
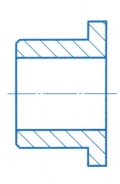
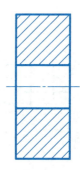

第7章 零件图

7-10 读轴类零件的零件图，并回答问题。

(1) 该零件名称为_____，使用材料为_____，图样绘制比例是_____，零件采用了4个视图表达，名称分别是_____，_____，_____，_____。
(2) 该零件总长度为_____，零件右端螺纹的公称尺寸为_____，长度为_____。
(3) 零件图中，尺寸 φ26f9 的含义是：公称尺寸为_____，标准公差等级为_____，基本偏差代号为_____，公差带代号为_____，上极限偏差为_____，下极限偏差为_____。
(4) 零件中 φ26f9 圆柱的表面结构代号是_____，零件的右端面的表面结构代号是_____。

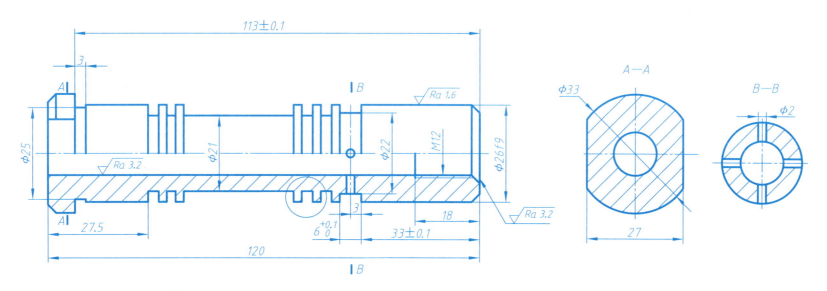

第7章 零件图

7-11 读盘盖类零件的零件图并回答问题。

(1) 该零件名称为_____，使用材料为_____，图样绘制比例是_____。该零件采用了4个视图表达，分别是_____。
(2) 该零件具有配合要求的尺寸是_____。该零件右端面的表面结构代号是_____。
(3) 零件左端面有_____个孔，尺寸为_____。右端面有_____个孔，尺寸为_____。
(4) 零件图中尺寸 φ74c11 的含义是：公称尺寸为_____，标准公差等级为_____，基本偏差代号为_____，公差带代号为_____，上极限偏差为_____，下极限偏差为_____。

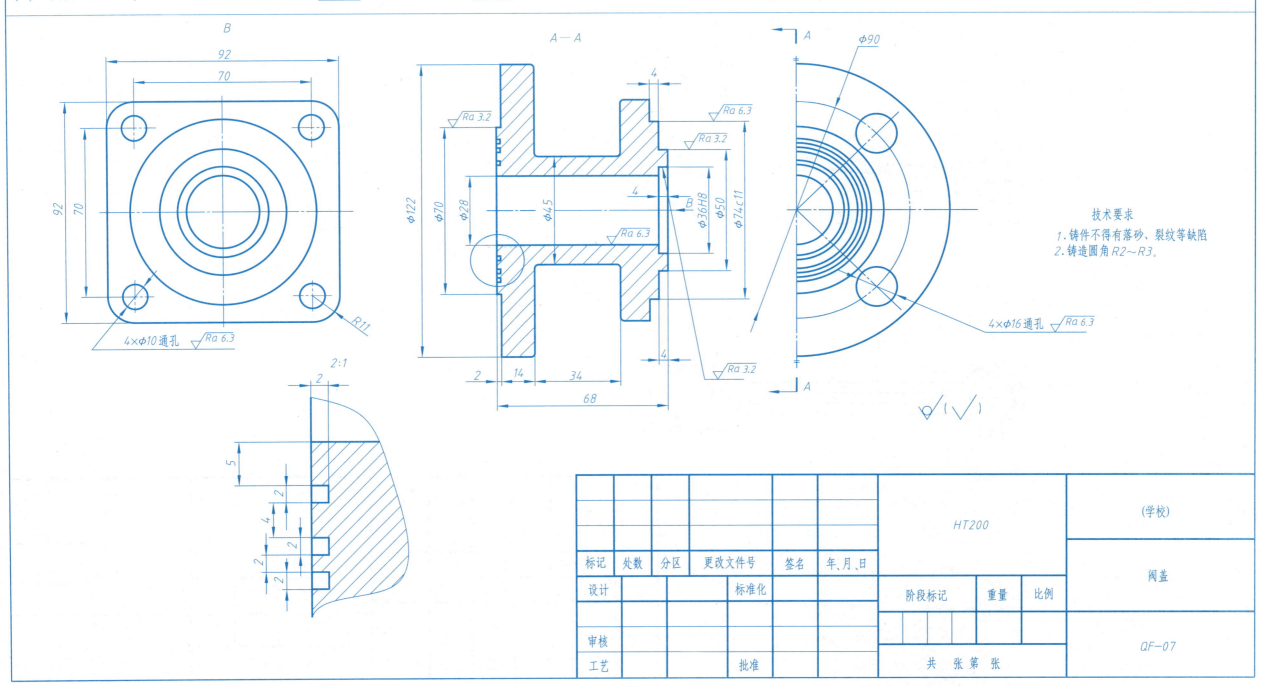

第7章 零件图

7-12 读叉架类零件的零件图，并回答问题。

(1) 该零件名称为_____，使用材料为_____，图样绘制比例是_____，图样采用的表达方式是_____。
(2) 在零件图中标注指定表面的表面结构代号：φ24 孔的表面粗糙度 Ra 值为 3.2μm，φ20 孔的表面粗糙度 Ra 值为 1.6μm。
(3) 在零件中标注左端圆柱 φ36 的倒角尺寸 C1。
(4) 看懂零件图，在指定位置绘制移出断面图。

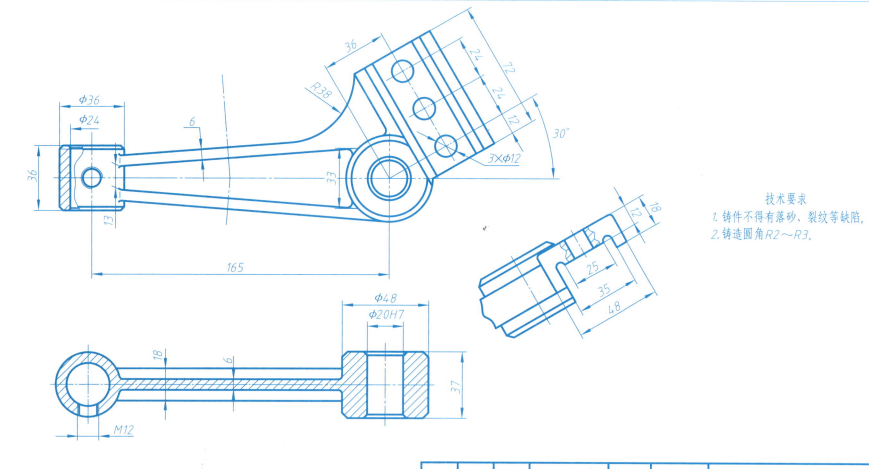

技术要求
1. 铸件不得有落砂、裂纹等缺陷。
2. 铸造圆角R2～R3。

HT200

连杆

1:2

08-01

第 7 章 零件图

7-13 读箱体类零件的零件图，并回答问题。

(1) 该零件名称为_____，使用材料为_____，图样绘制比例是_____，属于_____（放大/缩小）比例。

(2) 零件采用了 3 个视图表达，名称分别为_____，_____，_____；零件的总长总高分别为_____，_____；φ80 的轴线距离底面距离为_____。

(3) 零件图中尺寸 $\phi 80^{+0.009}_{-0.021}$ 的含义是：公称尺寸为_____，尺寸公差为_____，最大尺寸为_____，最小尺寸为_____。

(4) 在图样中标注零件左端面的表面粗糙度，其 Ra 值为 3.2μm；标注右端面表面粗糙度，其 Ra 值为 6.3μm。

(5) | ∥ | 0.04 | B | 的含义是：_____。

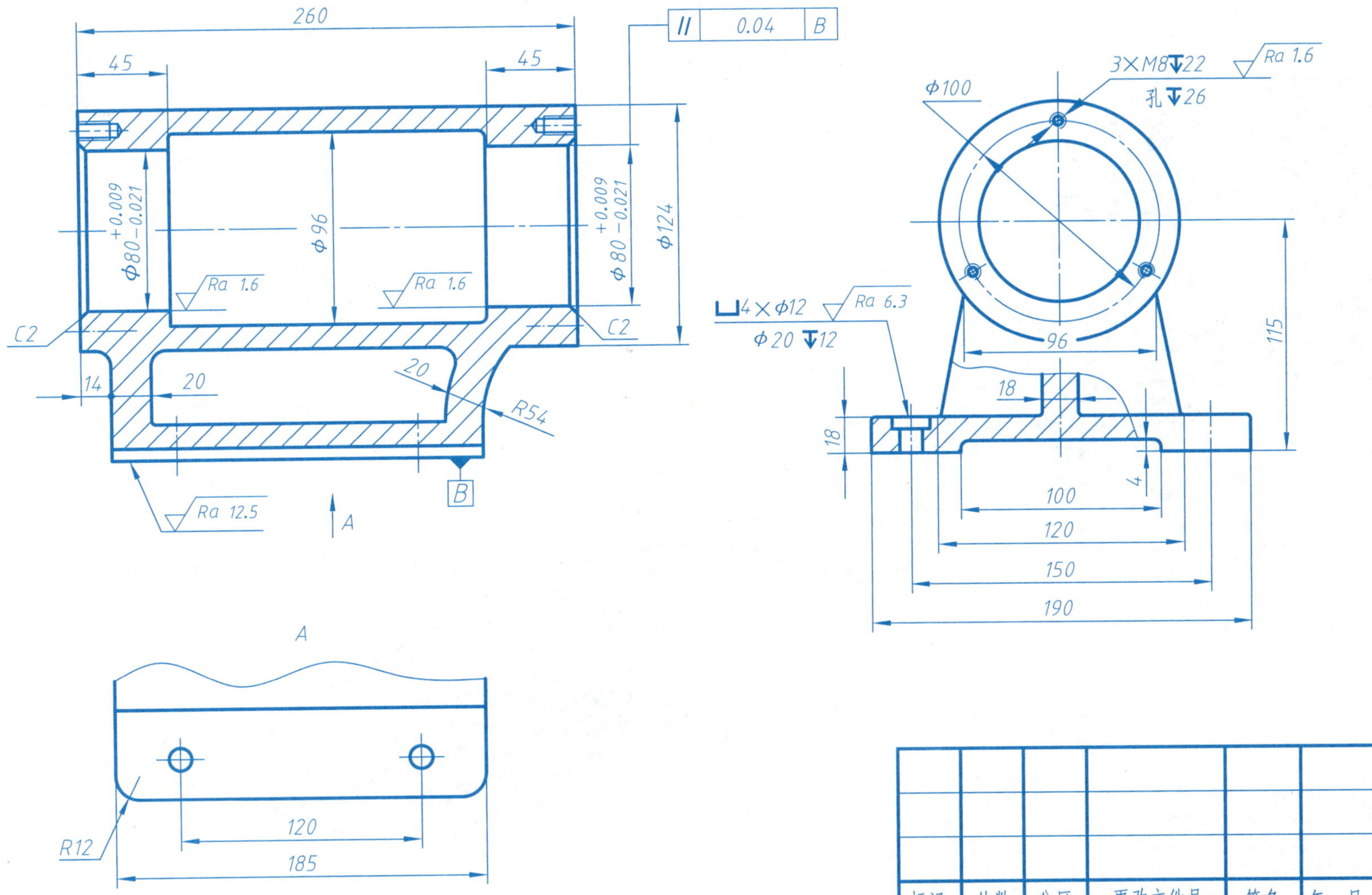

第 7 章　零件图

7-14　根据给出的轴测图、尺寸、零件基本信息和技术要求，在 A3 图纸上采用合适的表达方案绘制零件图。

（1）零件基本信息：

零件名称为轴；材料为 45 号钢；键槽宽 12mm，深 5mm，长 32mm；φ35 轴段上的孔径为 φ6。

技术要求：

长度为 17 的 φ35 圆柱面的表面粗糙度 Ra 值为 0.8μm，φ40 圆柱面的表面粗糙度 Ra 值为 1.6μm，键槽侧壁表面粗糙度 Ra 值为 1.6μm，其余表面的表面粗糙度 Ra 值为 6.3μm。M30 的螺杆与 φ40 轴段的同轴度误差为 φ0.03。

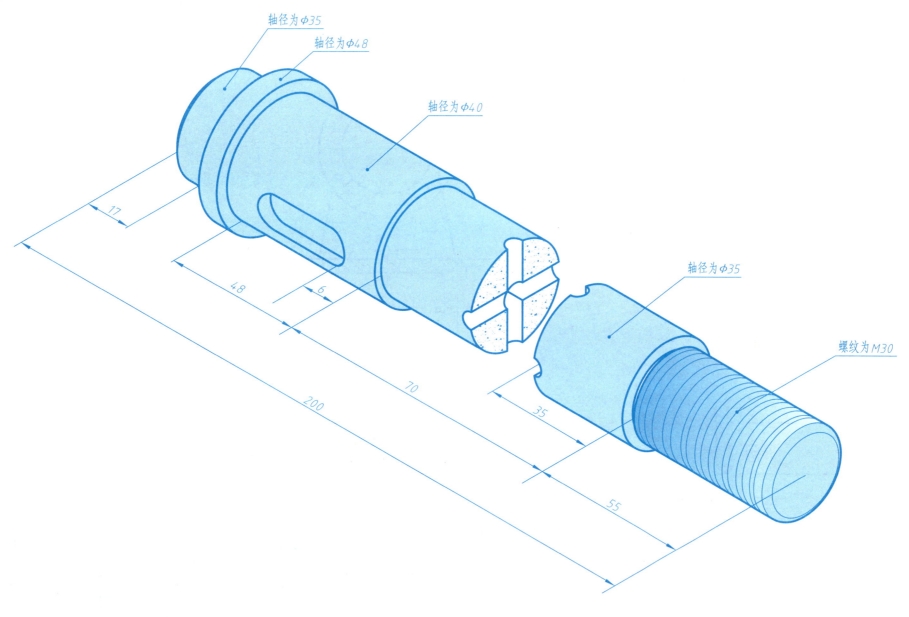

第 7 章 零件图

7-14 根据给出的轴测图、尺寸、零件基本信息和技术要求，在 A3 图纸上采用合适的表达方案绘制零件图。（续）

(2) 零件基本信息：
零件名称为盘盖
零件材料为 ZL102
技术要求：
1. 见图上注明
2. 其余表面为铸造表面

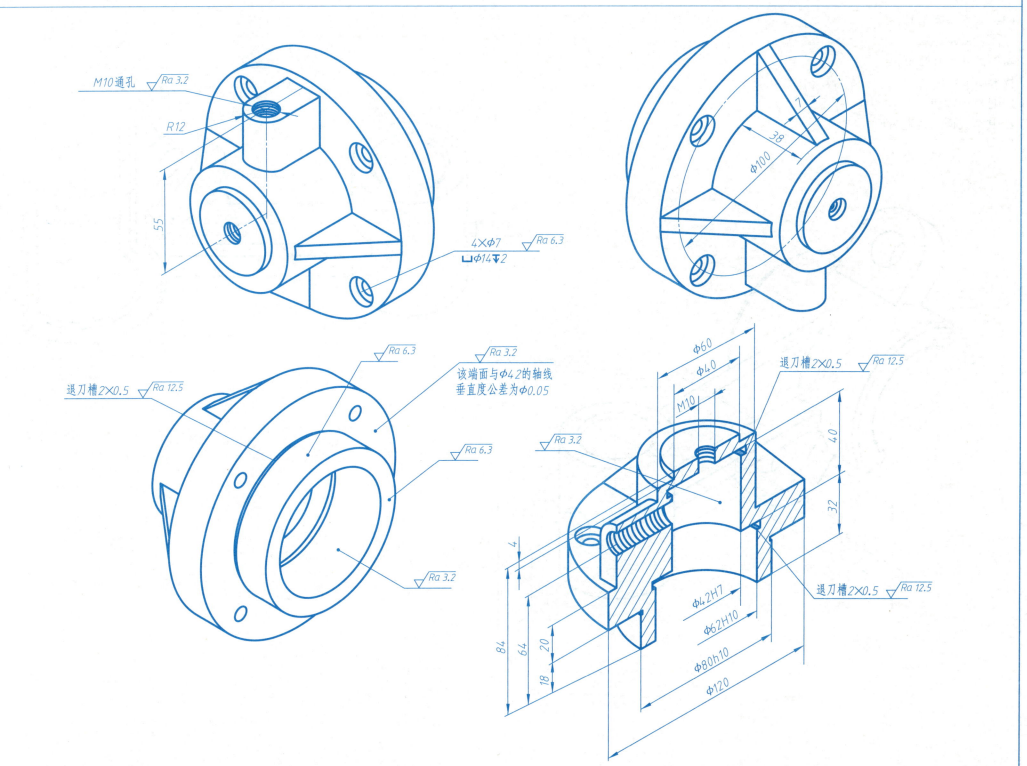

第 7 章 零件图

7-14 根据给出的轴测图、尺寸、零件基本信息和技术要求，在 A3 图纸上采用合适的表达方案绘制零件图。（续）

（3）零件基本信息：

零件名称为支架

零件材料为 HT200

技术要求：

1. 见图上注明
2. 其余表面为铸造表面

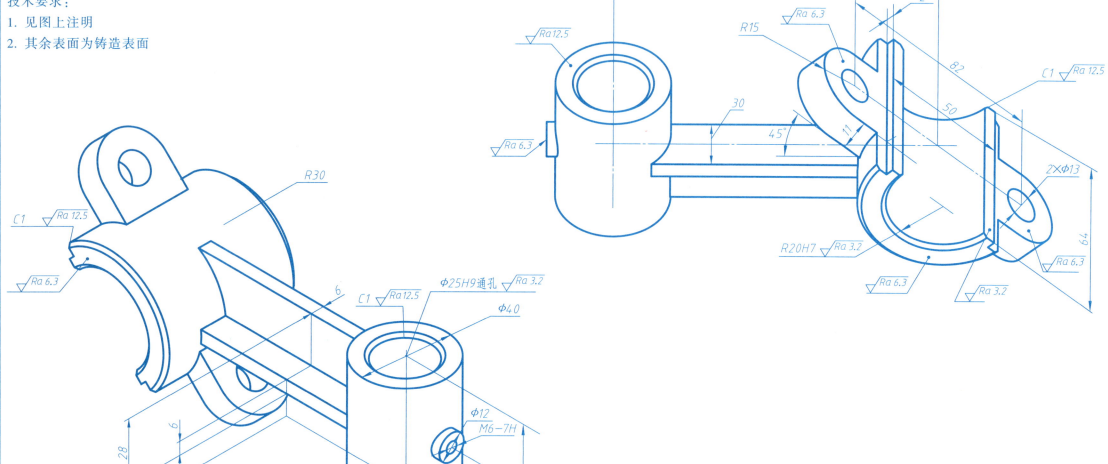

第 8 章 装配图

8-1 读图，找出下列螺纹紧固件连接图中的错误画法，在空白处画出正确连接图。

(1)
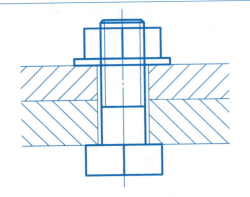
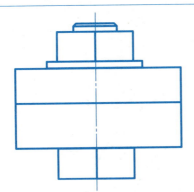

(2)
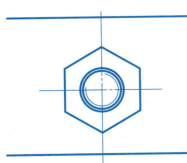
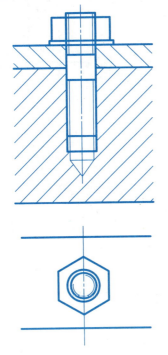

(3)
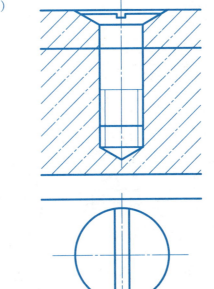

第 8 章 装配图

8-2 已知轴和齿轮用普通 A 型平键联结，键的规定标记为 GB/T 1096 键 8×7×20，轴孔直径为 20mm。查标准，确定轴和齿轮上的键槽尺寸并标注，补全轴、齿轮及装配后键槽部分缺少的图线。

8-3 选择适当长度的 φ5 圆柱销连接件 1 和件 2，完成销联结装配图，并对其进行标注。

销的标记：_____

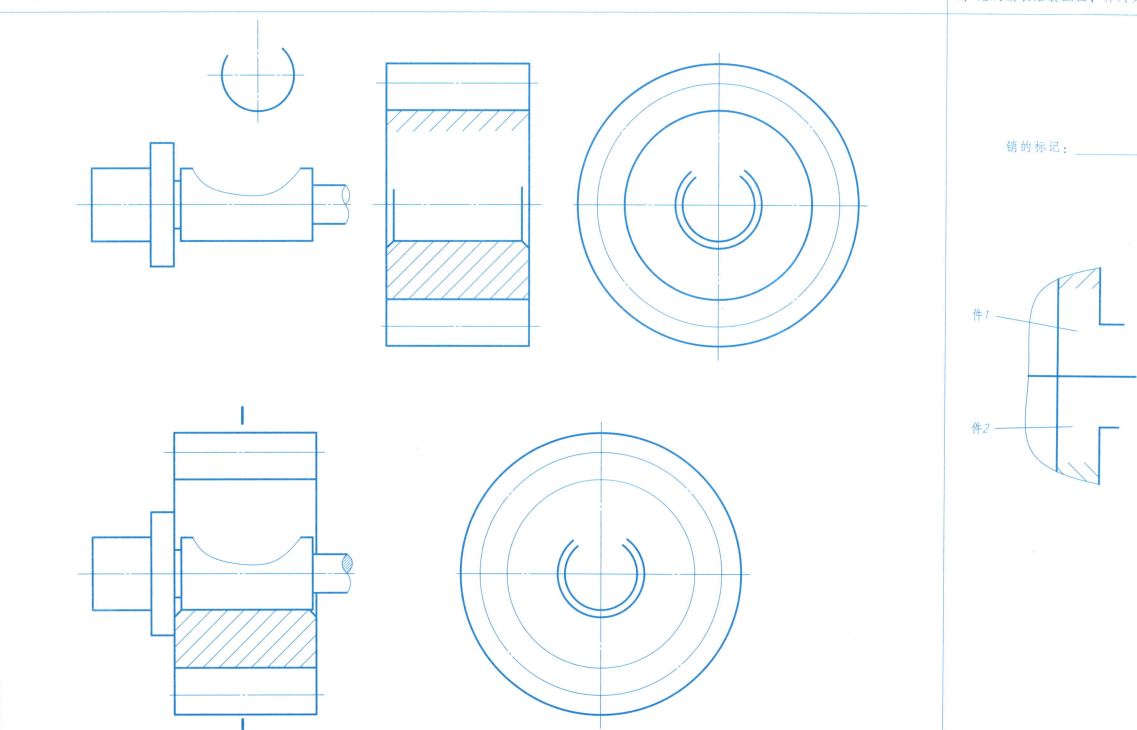
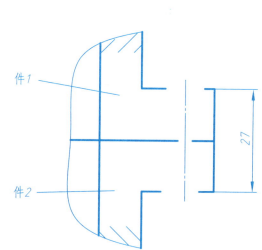

第 8 章 装配图

8-4 根据装配示意图及零件图，画出其装配图。

(1) 手动气动阀

工作原理及作业要求

手动阀是汽车上用的一种压缩空气开关机构。

当通过手柄球 1 和芯杆 2 将气阀杆 6 拉到最上位置时（如图所示），储气筒与工作气缸接通，当气动阀杆推到最下位置时，工作气缸与储气筒的通道被堵死，此时工作气缸通过气动阀杆中心的孔道与大气接通，气动阀杆与阀体 4 的孔是间隙配合，装有 O 形密封圈 5 防止压缩空气泄露，螺母 3 是固定手动气动阀位置用的。

读懂手动气动阀装配的示意图和全部零件图，拼画装配图。

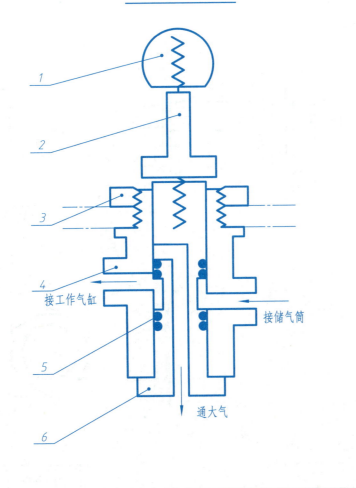

手动气动阀装配示意图

6	气动阀杆	1	45	
5	O形密封圈	4	橡胶	
4	阀体	1	HT150	
3	螺母	1	Q235	
2	芯杆	1	Q235	
1	手柄球	1	酚醛塑料	
序号	名 称	数量	材 料	备 注

手动气动阀

SDQF-01

比例 1:1

第8章 装配图

手动气动阀零件图

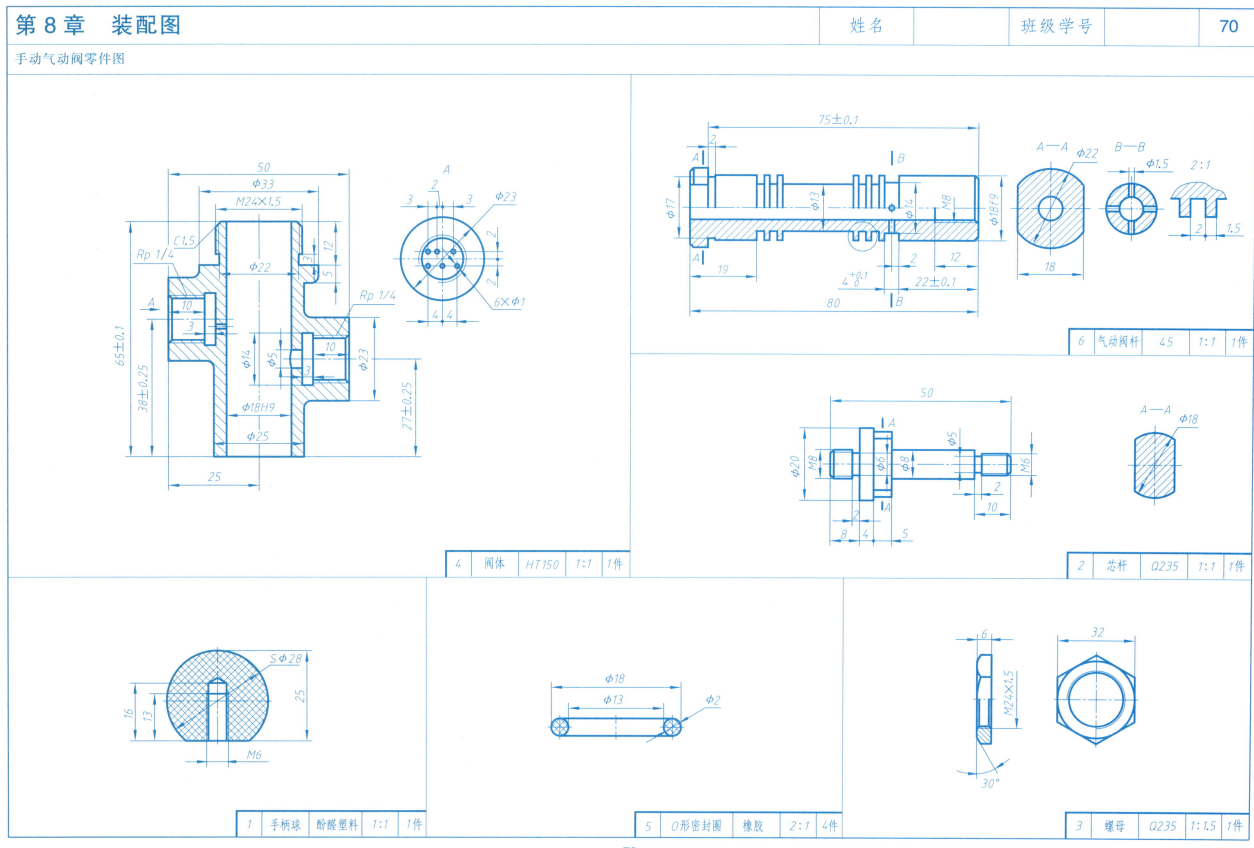

第 8 章 装配图

8-4 根据装配示意图及零件图，画出其装配图。（续）

(2) 手压阀

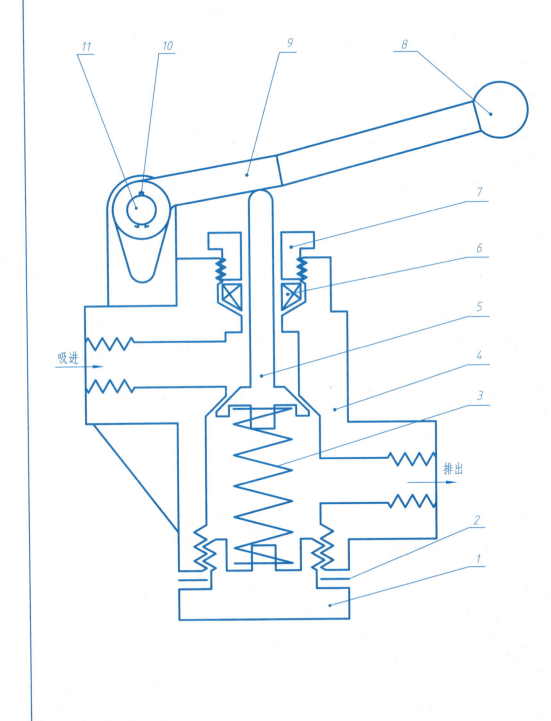

手压阀工作原理

手压阀是吸进和排出液体的一种手动阀门。手柄 9 用销轴 11 和开口销 10 装在阀体 4 上，当握住手柄 9 向下压紧阀杆 5 时，阀杆 5 向下移动，液体入口和出口相通，阀处于开启状态；手柄 9 向上抬起时，由于弹簧 3 的弹力作用，阀杆 5 向上压紧阀体 4 之孔口，使阀处于关闭状态。为防止流体泄漏，阀体 4 与阀杆 5 之间装有填料 6，并旋入旋塞螺母 7 压紧，同时，在阀体 4 与调节螺母 1 间装有胶垫 2。

11	销轴	1	20	
10	开口销 4×15	1	Q235	GB/T 91—2000
9	手柄	1	20	
8	球头	1	胶木	
7	旋塞螺母	1	Q235	
6	填料	1	石棉	
5	阀杆	1	45	
4	阀体	1	HT150	
3	弹簧	1	65Mn	
2	胶垫	1	橡胶	
1	调节螺母	1	Q235	
序号	名　称	数量	材　料	备　注

(学校) 45 手压阀 SDQF-01

第8章 装配图

手压阀零件图（一）

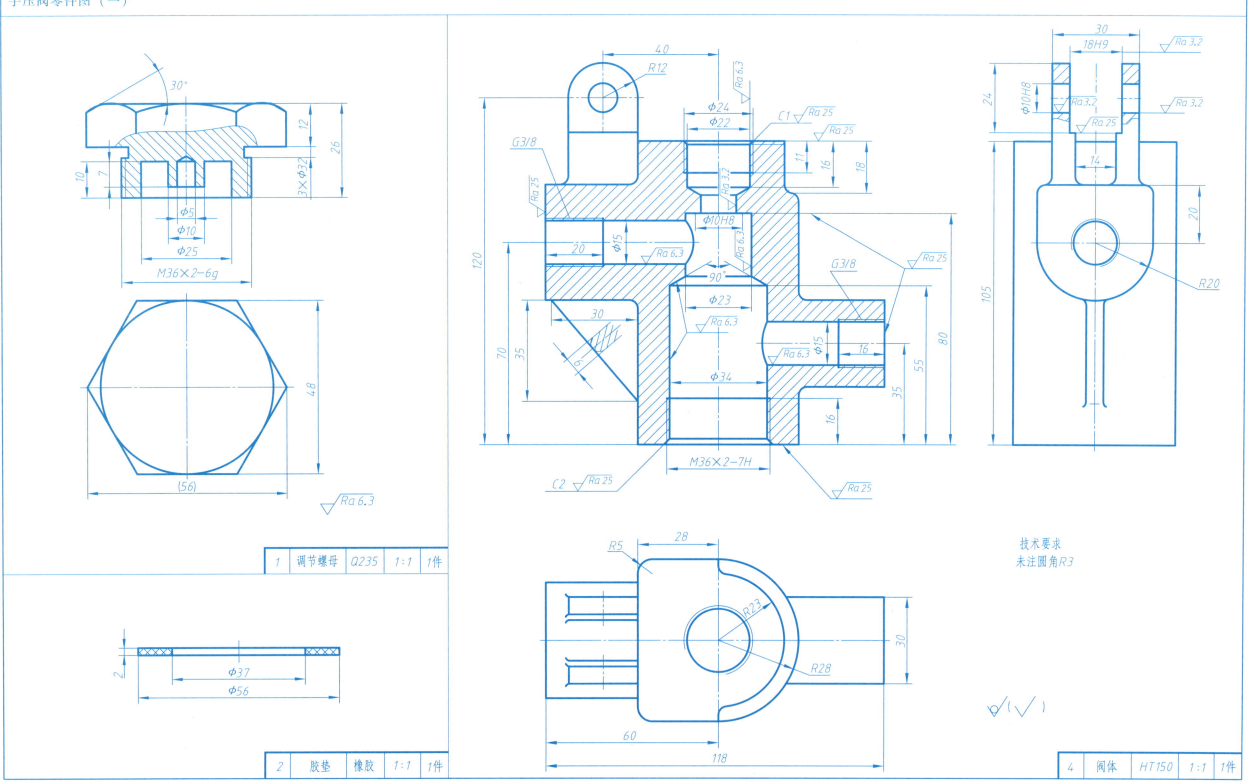

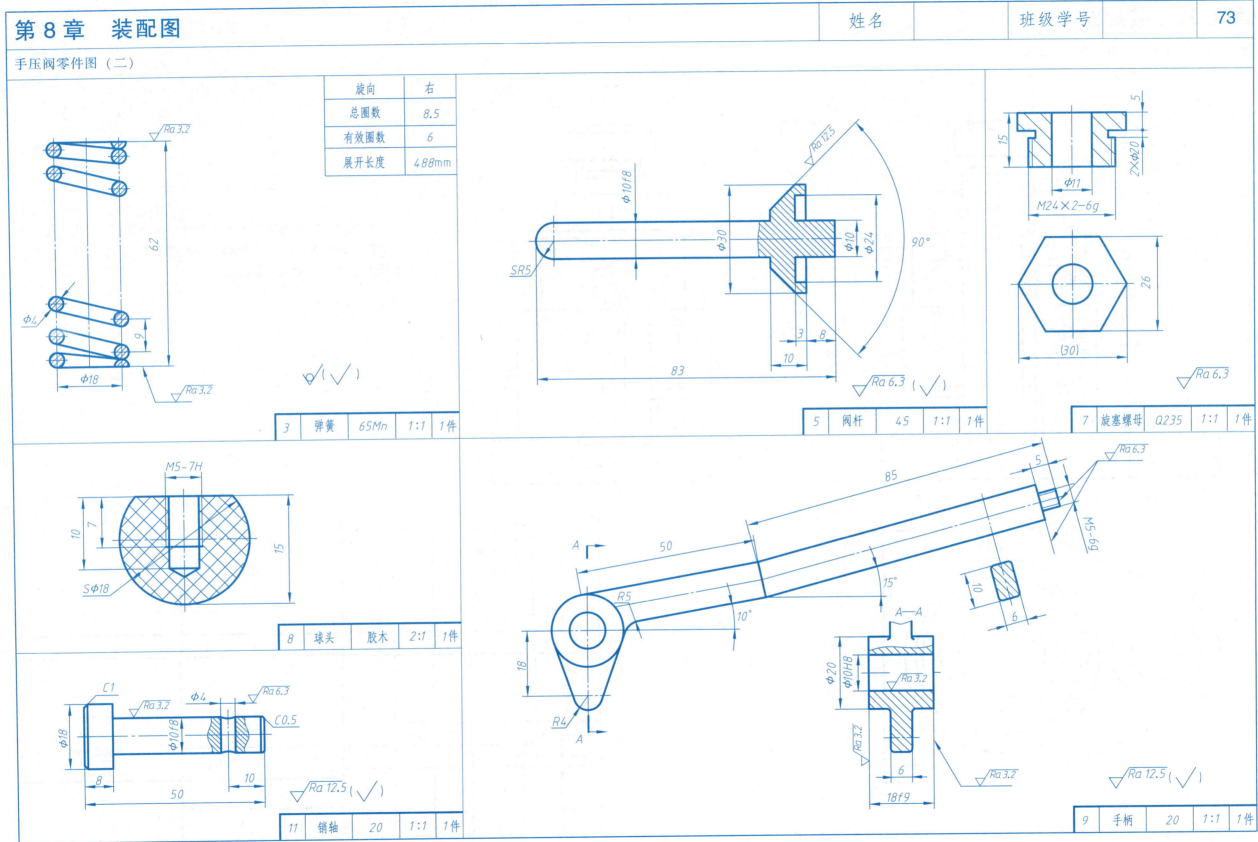

第8章 装配图

8-5 看懂装配图，拆画零件1、2、4。

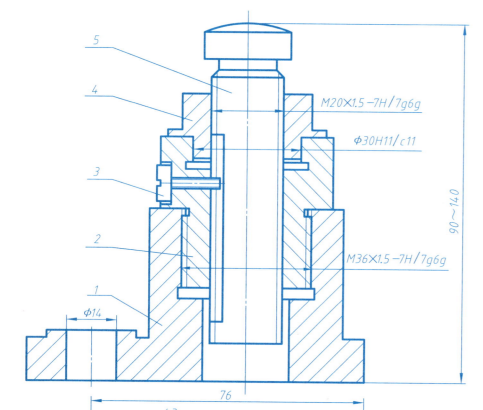
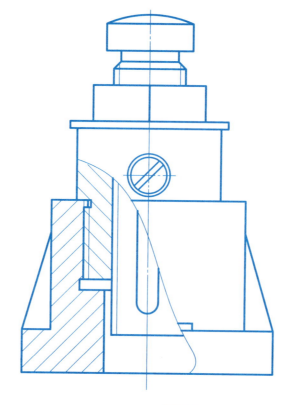

螺纹调节支承工作原理

螺纹调节支承用于支承不太重的机件。螺钉3装入支承杆5的槽内，防止其转动；旋转调节螺母4，使支承杆上下移动，达到所需高度。

5	支承杆	1	45	
4	调节螺母	1	45	
3	螺钉M6×16	1	Q235	GB/T 65—2016
2	套筒	1	45	
1	底座	1	HT150	
序号	名 称	数量	材 料	备 注

螺纹调节支承

1:1

SDQF-01

第8章 装配图

8-6 看懂装配图，拆画零件2、4、5。

工作原理：用手柄转动螺杆，通过螺杆螺母带动活动钳口移动，形成对工件的加紧与松开。

技术要求
1. 活动钳口应自由滑动，不得有卡阻现象。
2. 钳口与固定件要求牢固。
3. 表面涂防锈油，并用塑料袋密封。

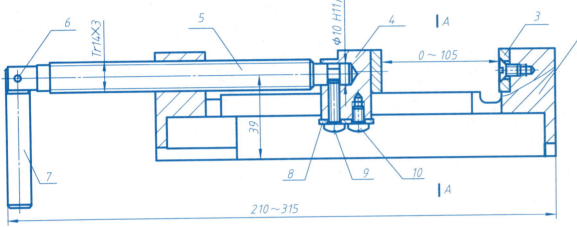

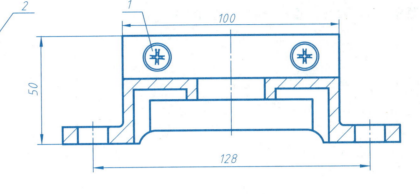

A—A

10	螺钉M5×8	1	Q235	GB/T 65—2016
9	螺钉M5×20	1	Q235	GB/T 65—2016
8	挡片	1	Q235	
7	手柄	1	Q235	
6	销	1	45	
5	螺杆	1	45	
4	活动钳口	1	HT150	
3	护口板	2	45	
2	钳座	1	HT150	
1	螺钉M6×10	4	Q235	GB/T 68—2016
序号	名　　称	数量	材　　料	备　注

简易平口钳

PKQ-00

参考文献

[1] 李华，李锡蓉. 机械制图项目化教程［M］. 北京：机械工业出版社，2017.
[2] 左宗义，冯开平，唐西隆，等. 画法几何与机械制图习题集［M］. 广州：华南理工大学出版社，2007.
[3] 樊宁，何培英. 典型机械零部件表达方法350例［M］. 北京：化学工业出版社，2015.
[4] 许睦旬，徐凤仙，温伯平. 画法几何及工程制图习题集［M］. 5版. 北京：高等教育出版社，2017.
[5] 王丹虹，王雪飞. 现代工程制图习题集［M］. 2版. 北京：高等教育出版社，2016.
[6] 王成刚，赵奇平，崔汉国. 工程图学简明教程习题集. 4版. 武汉：武汉理工大学出版社，2014.
[7] 丁一，梁宁. 机械制图习题集［M］. 2版. 重庆：重庆大学出版社，2017.